U0107094

情 感 陷 阱

如何摆脱以爱为名
的情感操控

[美] 阿尔伯特·埃利斯　马西娅·格拉德·鲍尔斯　著
Albert Ellis, Ph.D.　Marcia Grad Powers

张蕾芳　译

The Secret of
Overcoming
Verbal Abuse

北京联合出版公司
Beijing United Publishing Co.,Ltd.

只 为 优 质 阅 读

好
读

Goodreads

目录
Contents

前言

自20世纪80年代以来，首批阐述动态虐爱关系的重要书籍开始流行，我们从中学到了不少知识。现在我们知道了这些概念，如相互依赖，如功能失调的家庭，我们开始学会照顾自己的情感，把生活过得更好——无论我们是想留下来，还是必须留下来，或打算脱离这种充斥语言暴力的关系。

我们当中许多留下来的人不幸地发现，明明已知事情的缘由，明明学到了使情况变好的新手段，但我们仍然感觉不好。不管我们如何熟悉情况，不管我们尝试了多少次新方法来应对施虐伴侣，不管我们对待自己比以前好多少，守住理智的战斗每天仍在进行着，缺乏安全感、愧疚、焦虑和抑郁也仍在困扰着我们。我们奋力寻求内心的平静，试图给自己的生命带来些许幸福。然而，哪怕我们与对方分手了，生活相比于从前不知好了多少倍，内心的平静和幸福感仍然远离我们而去。

我们学会了那么多的东西，为什么还是要不停地折磨自己？为什么仍然感到不幸福？为什么一面对施虐者，我们就不知所措，陷入自我分析中难以自拔？心中珍藏的"从此过上了幸福生活"的童话在我们眼前分崩离析，我们中大部分人为什么仍然抓住这个执念不放？为什么我们中有那么多人分手了，却还是一遍又一遍地吃回头草？为什么我们中有那么多人一去不复返了，却还是把自己拖入另一段虐爱关系中再也无法脱身？

作为励志自助书的作者、心理学家、高校个人成长演讲主题的讲师、威尔希尔书局的高级编辑（这个书局专营励志自助书籍），我（马西娅·格拉德·鲍尔斯）常遇到这类问题，而提问的人不是正在遭遇语言暴力的摧残，就是有过这方面的经历。这类问题出现在我的读者来信里，出现在我与学生的讨论里，出现在励志自助作者用于投稿的书稿里。这些人中，绝大多数是女性，她们表达了自己的痛苦——独处的空虚寂寞，不被理解的挫败，对自我接纳和自爱的系统崩溃，被破坏的童话造成的幻灭和失望……她们感到自己坐上了逃逸的情感过山车，操控过山车的人却还是对她们施虐的人。她们溺水在情感之海，大声呼救，寻找救生绳救她们的命。

我本人就曾经在虐爱关系中沉沦，知道哪怕有一个人理解你，扔给你一条救生绳，你都有可能起死回生。因此，我会给我的读者们写长长的回信，也会在高校演讲结束后，跟那些久久不愿离去的学生一起欢笑、哭泣、拥抱、分享各自的经历。对某些人来说，她们这是第一次把受到的不公待遇识别为语言暴力；对另一些人来说，她们知道自己受到了虐待，却一直否认这点；只有极少数的人意识到，她们所经历的一系列遭遇已被美国医学会划分为家暴。

出于一种迫切需要，我下决心寻找一个方法来帮助世上数以亿计遭受语言暴力的人，这些人孤独地困在她们自己的情感囚笼里无法脱身。我怀揣着这样一个目标开始写作，毫无意外的是，我的脑海里很快响起一个甜美的小公主的声音。她在呼唤我，坚持要我帮她讲她的故事，于是，我开始写我的书《相信童话的公主》。这是一篇励志寓言，展露了受虐的痛苦和对痛苦的治愈，也展露了如何改变对痛苦的感知。这些来之不易的经验教训彻底改变了我的生活，也改变了其他跟我分享过她们故事的人的生活。我能够利用这些经验把他人变成有价值的人，激励、指导她们，使她们活得理直气壮——这就是我职业生涯的高光时刻。

许多来自美国、来自世界其他国家（《相信童话的公主》已译成多国文字）的读者给我写来热烈真诚的信，感谢我写出了"她们的"故事。许多读者说她们不再感到孤独，《相信童话的公主》恢复了她们的个人力量，使她们得到了情感自由。这本书被超出我想象的众多读者紧紧贴在胸口，浸满了泪水，被当作最亲密的朋友来对待，这群人当中有不同年龄段、不同行业的男人、女人和孩子。

在我收到越来越多的信，与越来越多的人交谈后，我意识到有必要做一些别的工作——需要提供一些实用的、日常的技巧来帮助受虐者减轻痛苦，帮助他们敢于面对恐惧，帮助治愈他们。这些技巧要比普通的技巧见效更快、更彻底。

面对铺天盖地的有关虐待的书籍、文章、电台和电视台节目，如果这些技巧根本不曾存在过，很难想象我们又能上哪儿去找。然而，我相信在这大千世界里，某处肯定存在着某种强有力的方法，只是被我们遗漏了而已。这就是一把钥匙，能够打开有效处理语言暴力的奥秘。于是，我踏上了探索的征程。

在我的编辑生涯中，我编辑校对了众多心理学书稿，与世界各地的心理学家、精神病医生、咨询师和其他心理健康专职人员就各种方法和技巧进行过长时间的探讨。可惜，我没找到满足受虐者特殊需要的技巧。这些受虐者仍然不停地给我写信，我真希望这个奥秘如天上掉馅饼般砸到我头上。当然，这是我的奢望，我只能继续探索着。

于是，有一天，一份书稿，就是这份书稿果真以天上掉馅饼的方式 "砸到我头上"，我被指定来编辑这本书。这本书由威尔希尔书局出版，前面几个版本已卖出一百五十万册，这一次要编辑的是新的升级版，其书名是《理性生活指南》。这本国际知名的经典心理学图书几乎全方位地教导每个人如何免除凄苦的心情。

这本书的作者之一就是理性情绪行为疗法的创始人（Rational Emotive Behavior Therapy，REBT）、认知行为疗法（Cognitive Behavior Therapy，CBT）的发起人——阿尔伯特·埃利斯博士。他是世界知名心理学家和演说家，纽约阿尔伯特·埃利斯研究所所长。这个研究所吸引了世界各地的患者，培训了世界各地的心理治疗师。（我极力推荐大家在读完《情感陷阱》后阅读《理性生活指南》。）

我读这份书稿的时候就意识到，我终于找到了自己一直探索的东西——那把打开战胜语言暴力奥秘的钥匙。其实，我对他经得起时间考验的技巧耳熟能详，奇怪的是，我以前竟然没想到把埃利斯博士的治疗方法具体运用到语言暴力上。

我告诉埃利斯博士，我想写一本书，把他的改变人生的哲学和技巧变成可操作性的，提供给在语言暴力中挣扎的人们，使他们能够轻松使用。他欣然接受了这个提议。就这样，我们开始了星光灿烂的合作，其成果就是你手里的这本书——《情感陷阱：如何摆脱以爱为名的情感操控》。不得不承认，书页间揭开面纱的奥秘是最名不副实的"奥秘"，数以亿计的人早已知晓这个奥秘，并把它用于处理各种心理问题。然而，很少有人知道当其被运用于语言暴力时，尤其能起到颠覆性的作用。

《情感陷阱》为你提供了全新的感知和处理暴力的方法。该书提供的技巧稳固可靠，经得起时间考验，实效性得到过充分证明，就像一条厚实的防护毯，把你包裹其中，使你与痛苦绝缘。而这些痛苦来自你过去和现在遭受的虐待。

- 停止对你自己、你的感觉、正在发生的事、过去发生的事胡思乱想，疑神疑鬼。

- 建立和保持情绪平衡，掌控你的情绪和行为——不论你是分手还是留下。

- 恢复你的自尊自爱和被压抑的力量。

- 体验你想要的、你希望得到的、你多年来在泪目时刻默默祈求的内心平静。

要是当年我的"白马王子"第一次瞄准我，用他的话刺穿我的心时，我能看见这本书就好了。如果当时有这本书存在，我就能摆脱多年的折磨、喧嚣和泪水。不管你是分手还是留下来，我们提供给你的觉醒的意识和工具都能帮助你摆脱痛苦、混乱、恐惧，其效果比你想象的要快、要更彻底。同样，不管你是少年还是成年人，是女人还是男人，不管你的伴侣是异性还是同性①，这些觉醒的意识和工具都能助你一臂之力。如果你有孩子，这些意识和工具就能帮你成为家长楷模，降低你的孩子把暴力糟粕带入成年人关系的风险。

现在，让我们开始这趟启蒙和励志之旅，这将给你的生活带来天翻地覆的变化。

马西娅·格拉德·鲍尔斯
加利福尼亚州，好莱坞北

---

①虽然在这本书里，施虐伴侣和施虐者通常指的是男人，但这些称呼可以用于任何语言、心理、情感施虐者，不论男女，可以是跟你生活在一起的或已分开的男友、女友、心上人、丈夫、妻子。虽然在这本书里，被虐者通常指的是女人，但也可以是遭受语言暴力的任何人。

第
一
部

被现实击碎的童话

1

很久很久以前

很久很久以前有个小女孩，她想象自己遇见了白马王子，从此过上了幸福的生活，我（马西娅·格拉德·鲍尔斯）曾经就是那个小女孩，或许你也是——全世界数以亿计的女人也是。

我们的故事：掉入陷阱的那一刻

很久很久以前，我们以为会被一个英俊潇洒的白马王子腾空抱起，被爱宠着，视如珍宝，直至永远。我们幸福喜乐，深感此生圆满，觉得自己像公主一样与众不同——现代社会的公主，自强自立，有主见，有目标，也许还有自己的事业。我们会被自己的王子呵护仰慕，被他们充满爱意地捧上神坛——象征崇敬、尊严和荣誉的神坛。等我们找到自己的白马王子后，这一切真的发生了……持续了一段时间。

终于有一天，我们的白马王子猝不及防地对我们恶言相向，魅力减退了那么一点儿。对我们中的某些人来说，他们说得晦暗不明，琢磨不透他们所表达的到底是不是我们以为的那层意思；对我们中的另一些人来说，他们把话说得那么直白，我们难以想象我们听到的就是我们知道的那层意思。我们惊住了，受伤了，悲摧了。这不应该啊，我们的白马王子肯定不会说出叫我们难受的话，怎么说他们也是我们的至爱，我们的命定之人。

他说这都是我们瞎猜的，或者说这不是他的真正意思，他坚持自己绝不会说出或做出伤害我们的事。当我们露出不确定的模样时，他说，别那么大惊小怪行不行。

有些白马王子对我们横挑鼻子竖挑眼的，有些则事后向我们道歉，说他们爱我们，不知道为什么会对我们说那种话。他们说自己压力巨大，或说自己遇到了不顺心的事，并不是有意迁怒我们。我们不应该受到这种对待，于是，他们请求我们原谅，保证下次再不会发生此类事。就这样，我们信了他们。

然而，这一切又发生了……再一次发生，我们王子的言辞似快拳出击，像一把隐形匕首，我们被打翻在地。我们牢牢攀住神坛，脑袋天旋地转，越转越快，这不可能……也许真有可能……我们迷茫了。也许我们把他们想得太坏，可心底里却认为自己没错；也许我们有点夸大其词，但怎么就这么难受。我们的王子真那么尖酸刻薄？不，不应该是这样，他说这话肯定有他的理由，肯定是的。我们扪心自问，分析来分析去，不断反驳；我们投其所好，想办法理性地消除"误会"；我们试图跟他谈心，讨好他，解释自己的感受。当一切都无济于事时，我们费劲巴拉地把一切伤心事赶出脑外，假装岁月静好；但内心深处，我们清楚得很，我们的肠胃也很清楚，因为里面开始翻江倒海。

日复一日，伤人的话越来越往痛处戳，字字诛心，我们越发紧紧地攀住他们在过去爱意正浓时用言语搭建的神坛，调动身上每一块肌肉确保自己不从高处落下。然而，言语攻击接连不断，最后迫使我们坠落。不时地，战战兢兢地，我们会鼓起勇气爬回到神坛顶部。渐渐地，我们脱力了，无法攀上去，但这已经不重要了，因为我们不再认为自己是那个神坛上的人。

神坛下的生活悲伤、空虚、孤独、痛苦，我们不再信任自己的直觉，不再相信自己的价值，弄不清自己是何人，越来越多的时间花在彷徨、担忧、希望、等待、试图想透彻和不知所措上。我们分析、解释、防备、申辩、恳求、尖叫、威胁、涕泗横流，等这一切都成了无用功，我们愤怒、挫败、恐惧、迷惘，哭得更凶了。

终于，我们以为自己疯了，心里常常堵得慌，已不知道不堵是什么滋味，我们蹑手蹑脚，如履薄冰，晚上睡觉时似乎就等着楼上另一只鞋子落地，每天焦虑地猜测谁会出现——是充满爱意的杰基尔博士，也就是我们内心深处认定的伴侣，还是充满恨意的海德先生，而且这种恨意还越来越来得频繁。一点一滴地，慢得我们都察觉不到，我们开始身心疲惫，疾病缠身，最后我们也厌倦了自己的身心疲惫、疾病缠身。

有一件事我们很肯定：事情不该是这样，我们被迫来决定过去是什么错了——说的话错了，做过的事错了，或者，没说的话错了，没做过的事错了，因为不是这儿就是那儿，让我们的白马王子变成了恶意满满的大反派。我们想知道他们何时成了敌人，我们为什么在一场不愿发起的战争中节节败退，我们不理解这场战争，不相信会遭到袭击，最糟糕的是，还不知道如何停战。我们坐在那儿，孤零零的，周围一片混乱，不知上哪儿寻求庇护或安慰。想当年——有一段时间也曾有过好事来临——我们希望、等待，甚至祈祷这种好事再次来临。

又过了一阵子，迷雾降临，越发变得雾里看花，模糊不清，我们心里仍旧百转千回，寻求摆脱痛苦、混乱、恐惧的答案。我们为这个答案想破了头，我们的生活就靠它了。可是，何解？想方设法解题成了我们的日常工作，然后，就成了占据分分秒秒的执念。

为什么我们的王子不理解我们的痛苦？难道他不知道我们有多爱他吗？难道他没意识到他是我们的白马王子、梦中情人、终生夙愿吗？不知道我们指着他创造让我们从此过上幸福生活的童话吗？为什么我们在工作中处理这种事就得心应手，在家就不行？为什么我们跟生活中的其他人相处甚欢，跟我们最看重的人就不行？这还有没有天理啊。

我们拼命想彻底了解无法了解的情况，修复无法修复的情况，直到最后我们中的某些人放弃了——但也改变不了什么，这样做也罢，不这样做也罢，我们都被迫踽踽独行，在黑暗中发抖，纠结于自己是否得了疯病，纠结于我们的挚友究竟怎么了——那个曾经把我们拥入怀中的迷人王子，那个把我们当作他整个世界的迷人王子。我们想知道我们还能恢复曾经对他的感觉吗？我们想知道究竟从何时何地起，我们开始迷茫了，我们受到了伤害，感到这个坎儿过不去了，生活和内心充满悲哀、迷惘、空虚、绝望，看不到出路，只有没有答案的问题，只有没有解决方案的困惑。我们无法向人倾诉，即使最好的朋友也不行。

这种经历是否似曾相识？如果是，以下的感受和经历可能与你本人的相差不大：

●你有"某种感觉"，感到有什么不对劲的地方，但你不知道哪儿不对劲。

●你感到自己好像被羞辱了，但找不到原因。

●猝不及防地，你的伴侣常常从充满魅力变成大发雷霆，打你一个措手不及。

●他有时候视你为仇敌，常为小事生气，鸡毛蒜皮的事酿成大争斗。

●大部分时间里，你小心翼翼，如履薄冰，为的是不触他的雷区。

●很多时候，你心情低落、神经紧张、筋疲力尽、气愤悲哀、闷闷不乐、情绪失控。

●你的伴侣阴晴不定、喜怒无常。你刚刚打消他对你的反感，他又开始就另一件事批评、抱怨、愤怒，你似乎做什么都满足不了他。

●他希望你了解他的思想情绪，预知他未宣之于口的需求和欲望，优先满足它们，事事以他为先。

●你感到自己没有胜算，无论你说什么做什么，或者，不说什么不做什么，你的伴侣都会曲解，以至于你做什么都是错。

●你感到很挫败，因为你的意图和评论老是被曲解。你很难同他进行逻辑性的对话或跟他取得一致意见，无论你说得如何平和而无攻击性，你的伴侣都当作是对他的人身攻击，或当作你看不惯他，为此，你有时候感到愤愤不平。

●你为伴侣的恶劣行为辩解，寻找合理借口，甚至不惜撒谎来替他打掩护。

●谈话结束后你开始分析，想弄清楚究竟是怎么回事，是否有可能用另一种方法处理，你本人是否该承担部分责任。

●最初一目了然的谈话和意图变得模糊不清，你蒙圈了，开始怀疑自己的三观，有时候觉得自己神经不正常了。

●你的伴侣迫使你展示自己最糟糕的一面，导致你的言行举止为自己所不齿，然而，你还是忍不住要这样表现下去。

●你常感到自己能力不足，愚钝蠢笨，视自己一钱不值。

●如果你有孩子，你会在与伴侣保持良好关系和保护孩子不受他伤害之间挣扎，你的权威和对孩子的掌控取决于他在孩子面前如何对待你。

●他有很强的占有欲，嫉妒你花时间在孩子、其他家庭成员或朋友身上，反感你把时间花在工作上或不包括他在内的活动里。

●他安排你的着装，连你跟谁说话他也要插一脚。

●你感到束手束脚，受到严密监控，被来来回回地审视，还为没做过的事受到谴责。

●你的伴侣把你贬到尘埃里，或对你污言秽语。

●他对你刻薄寡恩，事后又向你求欢，还责怪你为什么不在状态。

●有时候他乱发脾气，不是扔东西就是打破东西。

●无论你牺牲多少，无论你表达多少爱意，或无论你说多少甜言蜜语，都无法让他相信你对他的爱跟他对你的爱一样多，他对爱的需求和求证永远得不到餍足。

●你的伴侣一表现良好，你就会忘记他过去的伤人行为，觉得他变了，以后情况会好起来的。你掂量着好时光还是多于坏时光。

●即使你的伴侣就在你身边，你仍感到孤独，你怀念过去那个你所知所爱的他。

●对所经历的一切，你无法宣之于口。你不认为你对这一切的解释能让人明白，你害怕自己看上去像"坏人"，因为其他人都觉得你的伴侣是一个人见人爱、花见花开的人。

●你犹如笼中困兽，希望渺茫。

如果这一章道尽你的经历和感受，意味着在你的感情生活里，你正遭遇语言暴力。但别急着绝望，你的故事还没完，你仍然可以从此过上幸福的生活——但不是用你曾经以为的方式。现在的你恐怕难以相信，但你很快会发现我们每个人都在书写自己的人生，也能够创造我们想要的结局，这只是一个如何学着做的问题。所以，当我和埃利斯博士充满善意地指导你们走上情感自由的新路时，赶紧跟上吧。

2

了解真相：
走出情感牢笼的第一步

在你和伴侣相处的一天里，有多少次你感到不对劲却又说不出哪里不对劲？有多少次你动摇了但又不知为什么？有多少次你们的对话一开始平平常常、逻辑清晰，却越说越离谱，越说越不可理喻，越说越叫人情绪低落？有多少次你的伴侣倏地唱起了独角戏，还越说越起劲，越说越大声，越说越愤怒，越说越疯狂？又有多少次他造成伤害后就把你赶出门外，为的是叫你闭嘴？

这些事发生后，你多半忙着弄清楚究竟怎么了，忙着躲避言语攻击，忙着调整心情，以至于无法看清全局。事情往往是当局者迷，旁观者清，你看到以下几个破坏受虐者情绪的典型事例后，琢磨一下你对每个事例的看法，记在纸上，我们随后附上我们的解释，可能会叫你吃惊不小。

事例1

你简短地说了几句后挂上电话，你的伴侣开腔了："都这个时候了，你还在跟谁说话，又是玛丽——还是你妈？你跟这两人老是聊个不停，她们只会把你往沟里带，你一点主见都没有。"

事例2

你跟伴侣讲述市场上的事，一个买东西的人对你态度恶劣，但你知道你是躺枪了，可你的伴侣说："你定是做了什么触怒她的事，不然她不会说那种话。"

事例3

你工作上终于迎来了盼望已久的晋升，兴奋中，你急不可耐地把消息告诉你的伴侣，他只说了一句"升职了，不错"。随后一星期里，他变得安静阴沉。

事例4

你和伴侣参加他公司的圣诞晚会，他说："今晚你最好少说话，这才显得有教养。"他伸出胳膊环住你，盯着你说，"你知道我这样说是为你好，是吧？"

事例5

你和伴侣参加一个聚会，你跟一个教音乐的人聊了好一会儿，因为音乐是你的毕生爱好。谈话很有趣，你兴致勃勃，十分开心。

于是，你的伴侣因你跟另一个男人聊天而跟你过不去，说你跟他说话时从未这样神采奕奕过。他责怪你在调情，说你跟别人在一起时总是忽略他，喋喋不休地说起你在别的聚会上如何只顾着自己的朋友和家人，把他完全"边缘化"。

事例6

你和伴侣准备离开诊所，你在前台出示停车票时被告知票失效了，离开大楼后，你的伴侣说："他们现在真的是越来越小气。"你回答："好像是的。"他讥讽地说："什么好像是的，就是这么回事。"你回答："我的意思是他们也许不得不降低成本。"他接着说："这正是我要说的，你怎么就不明白？随着利润下降，医疗事故上升，他们不得不关闭一些地方，所以在停车位上也这么抠门，你不懂这种事。"

事例7

你和伴侣开车去饭店，这家饭店你只去过一次。你的伴侣在某条街上左转弯，你告诉他，你觉得应该右转，他说："不对！你根本不知道往哪边走！我的方向感比你强。"他转向左边。

你的伴侣又走了几分钟，终于意识到自己拐错了弯，他嘟囔着抱怨。你说这不是什么大事，你只不过因为街角的一家花店凑巧想起该往哪条路上拐，你建议掉头回到街角，再右转。

他发火道："你有完没完！一开始拐错弯就是你的错，你唠叨个不停，我都无法集中注意力想往哪条路走。"

你刚开始表示不满他就打断你："少说两句行不行！"他在路中央猛地掉头，轮胎发出刺耳的尖啸声，险些撞上一台停泊的车，接着开始飙车。你被迫承受这一切，尽可能用平静的语气请他放松点，别太紧张。

你的伴侣爆发了："我根本就不紧张！你老是在我心情好的时候说我心情不好，你才是那个喜欢小题大做的，我明明离那辆停着的车远着呢。不喜欢看我开车，你就出去！"于是，他打开收音机，再不理睬你。

事例8

你的伴侣一般都是自己去洗衣店取衣服。一天早上，你俩正准备出门上班，他说明天他公司有一个重要会议，需要穿那套蓝色套装，但套装中午之后才能取，要你帮他从洗衣店取回来。你说你临近傍晚有一个会，不确定能不能在洗衣店关门前赶过去，他一边开车驶离，一边大喊："帮我做点事就这么难吗，如果你约好下班后去做头发，你总能想法办到。"

你上班去了，一整天都在担心能不能按时到达洗衣店，你的会议没完没了，老板就在那儿，你不敢中途退场。

等你去了洗衣店，果然已关门，你空手而归，你的伴侣发火道："你就这么靠不住，什么忙都帮不上，我不过请你为我做一件事，你都做不到。"你说："我真想帮你取回来，我去过了。对不起，我无法中途退出会议，这种事免不了会发生。"

他回答："你总是有理由，但这理由不成立，你为什么不承认这点，你就是没出全力办这件事，你只顾你自己！我总是你最后想到的那个。"你说："你不是，你知道你对我来说有多重要。我总是把你放在第一位，你知道的，昨天我只不过——"

他呛声道："如果你真把我放在第一位，我的套装早拿回家了！"接着，他拿起报纸读起来，仿佛你这人不存在似的。

事例9

你安排了一个特殊日子共享二人世界。离家时，你的伴侣开始抱怨你一周前做的某件事，你有一种"屡试不爽的熟悉感觉"，知道又会是这种局面，他总有办法让人一整天都不痛快。

事例10

你和你的伴侣参加一个晚会，晚会上酒量供应很大，他喝了几杯后，开始挑逗般地跟另一个女人共舞。舞毕，他走向吧台，你跟过去，请他不要再邀那个女人跳舞，你说："大家都看着呢，挺尴尬的。"他回答："我不过放松放松而已，别弄得我犯了重罪似的，你不爱看，就走。"你心情不好，于是，就请朋友开车送你回家了。

后来，你的伴侣怒气冲冲地出现了，把你叫醒，高声斥责你疑神疑鬼，撇下他走了。你解释说他的行为深深地伤害了你，你心情不好，而且还是他说你不乐意看就走的。他打断你说："我受够了你这些烂借口，我从未要你离开，你总是把没发生过的事记得牢牢的，我没做错什么。根本没人盯着我看，你总是夸大其词。"

接着他向你求欢，你拒绝了，说自己心情不好，他说："真不错，又是老借口。没关系，你不必委曲求全，我任何时候都对你提不起性趣了。"

事例11

你的伴侣要换掉坏了的顶灯装置，要你扶住梯子，给他传递所需要的工具，你对接下来的事有些发怵，但还是同意帮他，希望不会像往常那样不欢而散。你知道跟他说没用，只牢牢扶住梯子，他要哪样工具，你立马递上那样工具，当他咆哮你为什么不知道他下一步该用哪个工具时，你也不接他的茬。

他要螺丝起子，你递给了他。他说："不，不是飞利浦起子，你这蠢货！"你去拿另一种起子给他，他又叫道："把梯子抓牢了，都摇晃了。"接着，他刮伤了自己的手，说："你看你把我弄的！"他开始骂骂咧咧地嘟哝着。

他越嘟哝个不停，就越紧张；他越紧张就越感到挫败，就越容易出错。一颗螺丝钉从他手里滑落："该死的！给我捡起那颗螺丝钉。"你一边抓牢梯子，一边紧张地环顾四周找螺丝钉："我没看见在哪儿，我看不见。"你回复他，他发火了："你怎么会看不见，你就站在这儿！"于是，他开始恶声恶气地叫道："你一帮忙，我就讨不到好。"

你对这些事例的认知恐怕并不是这些事例的真相。在男女关系中，你对自己日常生活中的受虐经历的认知恐怕也不是它们的真相。如果你遭受的是言语上的辱骂嫌弃，你对自己、你们之间的关系、你的白马王子的真实看法就会遭到反复质疑。想解惑，想为你的创伤捋顺思路，你必须了解事实真相。要做到这点，你必须长期摒弃你的童话，直面你们关系的实质，了解与这层关系相关的几点基本事实。

在充斥语言暴力的男女关系中，你对其动态过程了解得越多，你就越意识到，你对这种关系如何运作的认知是不真实的，你对白马王子的看法也是不真实的。在这层关系中，他对你的看法、他对这层关系的期望值、他的目标、他的行为动机，跟你想的不一样，跟你本人的诸如期望值、目标等也相当不一样。认识到这点，你就在解除伤痛、理清思路和消除恐惧的路上迈出了第一步。

当你遭受言语侮辱时，究竟发生了什么？

你刚刚看过的那些事例并不是表面上那么一回事，不是停车票有没有失效的问题，也不是能否按时去洗衣店的问题，更不是哪条路正好是去饭店的问题，跟调情也没多大关系，在社交场合不太关注自己的伴侣也不是症结所在。它们不是误会，不是普通的冲突，与谁说了什么、谁没说什么都无太大关系，与谁做了什么、谁没做什么也无太大关系，与这期间产生的矛盾也不相干。这些事情发生的真正意义在于其中一个伴侣想掌控另一个伴侣，虽然掌控者并不一定是有意为之，但建立和维持这种掌控是他的真实目的，他这样做是在暗示："我很能耐""你不行""没我在，你什么都做不了"。

　　就像以上事例所描述的那样，施虐者不是先挑事再摆平，而是打着"为你好"的幌子给你"有用的"建议，或者为了完成一个良好目标。他的恶言恶行满足了他的权力欲，并把你控制住。你把注意力都放在具体的事端上，忽视了显而易见的一面：这些争端都不是问题，语言暴力和他的控制欲才是，争端的非理性才是症结所在，你和伴侣之间一次又一次的互动过程才是问题所在。

　　在这种互动过程中，你和你的伴侣在各自的角色扮演里一次又一次地演绎相似的情景：他出口伤人或行为恶劣，在你这里产生了反应，你的反应又刺激他做出反应，如此下去。或者，你做了什么无伤大雅的事或说了什么无伤大雅的话，激发了他的辱骂，他的这种表现引起了你的防卫，这又刺激他开始新一轮的攻击。

　　你一旦发现真相，就会注意到万变不离其宗，比如：他发难，你抵御；他责怪，你解释；你哭泣，他扬长而去。你想说说他给你带来的困扰，他就转移话题，在别的事情上挑你的刺，你最后不得不以自我辩护来结束谈话。不是这样，就是那样，你们一次又一次在言语上、心理上、行为上相互跳着同一种"舞蹈"，对驱动这些行为的暗流无知无觉。

你的伴侣说得那么理直气壮，拉起了百分之百正确的架势，他说服了你，使你相信他说的是真的。他的确如他声称的那样，把你的利益放在心尖上。他会打出各种组合拳，如施压、恐吓、责怪、评头论足、贬损、无视或标榜自己一向正确，他的行为不按常理出牌，毫无征兆，倾向于骤然发难，带有扰乱对方思想、操控对方心理的特点。施虐者可能专横跋扈，也可能悄无声息地控制人心。他可能大多时候易怒而乱发脾气，或不常如此；他可能性格外向，或具有反省能力；他可能是运动员，或知识分子，或两者皆是。每个施虐者都不同，都有自己的施虐"风格"，但虐待就是虐待，要让自己不受虐，你就必须先认清千变万化的施虐形式。

如果你的伴侣明目张胆地出口伤人或行为恶劣，你很快就会意识到自己遭到了攻击，比如，他骂娘，为你没做过的事谴责你。然而，如果你的伴侣润物细无声地攻击你，你恐怕压根儿不知道自己被虐待了，这种攻击表面上没有地动山摇般的震撼，但因为反复出现，蛰伏隐晦，不合常理，有可能造成另一方心理崩溃。

虽然隐晦的施虐和赤裸裸的施虐之间有明显界限，但出于讨论的目的，我们有必要把它们区分开来。大部分受虐者都经历过这两种形式，施虐的强度不一，施虐者在不同时期也会使用不同战术。

隐晦暴力

隐晦暴力叫你感到不舒服，总觉得哪儿不对劲，又说不出个所以然，你会感到胃里翻腾，喉咙发紧，或许还有别的生理上的不适。如果你生活在隐晦暴力的环境里，你会慢慢习惯，觉得比第一次听到时容易接受多了，但难以察觉的焦虑会成为你的常态。这种实施多次的隐晦暴力会日积月累地发挥作用，摧残人心。隐晦施虐千变万化，但目的只有一个，就是要把你踩在脚下，你会经历以下常见的形式：

● 你的伴侣换上不赞成的、谴责的面部表情，例如一张恼火生气的脸，可他不承认他的不满，暗示你是胡思乱想。

● 你的伴侣拿出不赞成、谴责或讥讽的腔调，可他不承认，常常声称你幻听了。

● 诚挚关怀地说出让人难以接受的话。

● 你的外表、你说的话、你的说话方式通通都是他批评的对象，可你的伴侣却说是为你好。

● 你的伴侣暗示你错了、"傻缺"、粗心、愚笨，或能力不足或难以胜任，却否认自己有这种意思或说过这样的话。

● 对你的思想、感知和情绪嗤之以鼻或否认其真实性，你的伴侣坚称他比你更了解你的意图、想法或情绪，说他比你更了解你是什么人。

● 对你的观点、信念、选择、决定、目标、梦想或成就不是抱有质疑的态度，就是纡尊降贵地发表一些言论，你的伴侣常常非要你拿出证据来，他才相信你的话。

●来自你伴侣的侮辱性言语、贬损性暗示、讥讽的话还带有翻旧账或叫你难堪的性质，针对的是你本人、家人、朋友、工作或你爱做的事。你的伴侣告诉你，他这么说没啥意思，不是你想的那样，他就是开个玩笑，你别瞎想，或者，他压根儿否认他做过这种评论。

●你的伴侣玩笑似的贬低你，却说你误会了，他责怪你太敏感，反应过激。

●反反复复唠叨别人总是做这做那，或从不做这做那，暗示相比于你，别人什么都好。当你取得了特殊成就，你的伴侣则轻描淡写地一笔带过。

●你内心特别脆弱，正需要来自你伴侣的理解和支持，他却毫无知觉，或还做出伤害你的行为。

●你为某事激动、开心或庆祝某个特殊日子，他在一旁泼冷水。

●你说话时，你的伴侣不停地打断你，撇开你跟你的谈话对象聊天，接过你的话题，抢答别人问你的问题。

●老是责怪你在孩子、其他家庭成员、朋友身上花的时间比在他身上多。

你的伴侣在做以下事情时，也在不动声色地贬损你：

●曲解你的话，歪曲你的意思。

●把他想说的都说出来，却拒绝听你想说的。

●你提问时，不是不理你就是不回答你。

●冷落你，却又说没事。

●不让你了解他的思想和情绪。

●从不在你认为的重要场合露面，或姗姗来迟，或衣着不得体。

●老是指望和要求一回家就能见到你，即使他不知道自己什么时候回家，或者，根本没告诉你他何时回家。

●说话不算数或违背承诺：答应做某事却不做，声称"忘了"，或叫你别为了这事唠叨个不停。

●在别人眼里只是举手之劳的事，他却拒绝帮忙，但他不停地使唤你做这做那（比如，要你路过时到洗衣店取衣服），你却不敢指使他特意为你做什么，或者，觉得不值得费力求他。

●习惯于事事以他为先。他执意只去他要去的地方，只做他要做的事，即使你十分不情愿做那件事或去那个地方，他还是要求你毫无怨言地夫唱妇随。等他终于陪你去了你要去的地方，他总能叫你后悔叫上了他。

以下事例是你可能听过的施虐话语，为的是先声夺人：

叫你发疯的话

"我不懂，我说（做）什么了？""我说（做）错什么了！""你知道我不是这个意思。""你怎么这么说（想）？""你知道我绝不会说伤害你的话，做伤害你的事。""我这样说是为你好。""我不懂你在说什么。""我从未这么说（做）过。""从来没有过。""你就喜欢瞎想。"

叫你闭嘴的话语

"别犯傻。""别放在心上。""我听够了。""闭嘴行不行，什么都不要说了。""谁求你了？""我烦死了你的牢骚。""我们已经说好了。""你怎么一碰就炸毛。""别啥事都小题大做。""没什么好说的。"

贬损的话语

"我告诉过你。""这只是你一家之言。""你根本不知道你在说什么。""好像就你行似的。""你过于敏感了。""你没你想象的那么聪明。""没话说就闭嘴。""没想到你会做那种事！""你还当自己是宇宙之王啊？"

赤裸裸的施虐

即使伤害性的行为不加遮掩，即使你知道自己遭到打击，你仍然可能认为自己没受到虐待，这似乎只是两口子爱吵架，或者，你会说服自己，"他就那样儿"，又或者，他压力巨大，行为恶劣点也没什么，赤裸裸的施虐包括以下行为：

●日常生活中一惊一乍的，埋怨你让他易怒、生气，连跟你搭不上一点边的事都怪在你头上。

●无论公开场合还是私下里都要贬损你，跟你说话就像一个不懂礼貌的孩子："你做对过一件事吗？""一件事我要跟你说多少遍？""你上哪儿去？我跟你没完！"

●朝你吼叫，骂娘，威胁说要分手，叫你滚出去。

●不是责怪你就是批评你，如："我厌烦透了你分析来分析去（说来说去），老是这么一套。""我讨厌你的借口。""我讨厌你的声音。""就是你的错，你自找的。""要不是你蠢，根本就不会有这种事。"

●当着孩子的面挑你的刺儿，或者在你和孩子争执中站在孩子那一边，趁机瓦解你的家长权威。

●谴责你与其他男人调情或跟其他男人有一腿，而你压根儿没做过，执意要你穿着保守。

●拒绝与你出门，拒绝与你的朋友、家人或同事打交道，也不欢迎他们上门拜访，百般阻挠你去见他们或打电话给他们，妒忌你在他们身上花的时间，对那些给你生活带来正能量的人，不让他们靠近你。

●拒绝与你共用钱财，或不允许你参与涉及金钱的决定。

●拿走你挣的钱，你的信用卡，你的车钥匙。

●禁止你离家，或把你锁在门外。

● 不准你出去工作，或参加岗前培训。

● 执意参与你的个人决定。

● 迫使你睡不了觉或叫醒你，仅为了言语上羞辱你。待你想说点什么，他却睡着了，或假装睡着了。

● 你睡着了还要叫醒你与他做爱，你累了，生病了，他还是不放过你。他刚刚在言语上羞辱过你就要求跟你做爱，如果你因为不开心或感到屈辱而不愿意服从他，他就大发雷霆，百般指责。

● 没收、销毁你必需的或珍藏的私人文件、照片及其他物件。

● 打砸东西或扔东西，威胁性地挥舞武器。

● 为了能伤害到你，威胁要拿宠物撒气，或就在宠物身上撒气。

● 威胁要打你或伤害你的家人。

有些受虐的女人对这种恋爱关系的性质视而不见，想降低暴力的严重性，哪怕你准备承认你们的关系存在问题，你也会把你伴侣的行为与更渣的人进行比较，说："我的男朋友没那么坏，他可没做过这类事。""好多男人比他差多了。""我的处境还好，我还能忍受。"当对你的打击是不动声色的时，你尤其会这么想。然而，即使对你的打击是赤裸裸的，你也会拿你听说过的身体施暴者进行比较，说出同样的话。

千万别落入大事化小、小事化了的陷阱。只有理解和接受了你们之间关系的真相，你才能处理得当。

现在，我们谈谈施虐的一般模式，这类模式一眼就能认出来。

杰基尔博士和海德先生综合征[①]

相处初期，你的伴侣总是展示自己"好的一面"，过了一阵子，尤其是当他有十足把握你不会轻易离开他时，他就开始放任自己伤人。这并不意味着他有预谋、有计划，施虐往往是下意识的行为，他在"试探"你的底线，就像孩子试探父母一样。假如你不断妥协、逆来顺受，哪怕你发出空洞的反对，或什么都不说，他也能心领神会，想怎样对你就怎样对你。

通常一开始，施虐只是偶尔发作，时间也不长。随着时间的推移，发作愈来愈频繁，持续时间愈来愈长。当权力的天平倒向男方时，你愈来愈意识到与自己朝夕相处的是一个恶意满满的陌生人，而不是你了解的爱侣。

你的伴侣像所有的施暴者一样具有第六感，能够告诉他是否已触及你的容忍底线，一到那个底线，他就本能地撤退，会安分一阵子，不再施虐，但决不为自己的行为道歉。还有一种类型的施虐

---

①"杰基尔博士"和"海德先生"均出自英国作家罗伯特·路易斯·史蒂文森的《化身博士》。书中塑造了文学史上首个双重人格形象，后来"杰基尔和海德"一词成为心理学"双重人格"的代称。杰基尔博士尝试用药物分离"善良"与"邪恶"，却被纯粹邪恶的自己占据了身体的主导权，成为名为爱德华·海德的恶棍。

者会用良好的表现解除你的武装，让你相信你对这种虐待反应过激了。他会给你送花，带你去有特殊意义的地方，在你家周围替你修修补补，毫不保留地向你道歉，说这种事再也不会发生。他会呵护你一阵，等你放下心防，又一次露出自己脆弱的一面，这时候，不可避免地，他又开始了他的心理折磨。

你的伴侣从"呵护"到"伤害"的人格变化模式难以预测，跌宕起伏，反反复复，尤其当心理受伤事件增加，爱意减少时，这种日子会越过越难过。这种虐爱周期已是耳熟能详，以至于其中几个阶段都被冠上名称，如，蜜月阶段、施虐阶段、和解阶段。有时候，受虐方称施暴者为爱意满满的杰基尔博士；有时候，则称他们为恶意满满的海德先生。

你的男友进入海德先生阶段，你盼望、等待着杰基尔博士回归。当他处于杰基尔博士阶段，你的生活充满焦虑，你极力捕捉面部表情、肢体动作或声调变化发出的信号，害怕他又会切换模式。最终的结果是杰基尔博士阶段萎缩，你的大部分时间或余生都在应付海德先生。虽然他充满爱意的自我完全消失了，你仍然相信他的"内心深处"仍藏着那个你爱过的人，你仍然真心盼望有一天那个人会回到你身边。

无法抵抗的魅力

许多施虐伴侣似乎充满魅力、激情洋溢，当他处在杰基尔博士阶段时，会叫你心跳如擂鼓，膝盖发软，美妙得仿若行走在云端上。你时时记得他曾经多么爱意连连，多么甜蜜周全，多么浪漫多情，多么诙谐幽默，记得最初是如何爱上他的，反而他的施虐行为变得模糊起来。你一次又一次地期盼，盼望形势会有所好转。

思想陷入混乱后，你会错把他的操控欲看成他的人格魅力，错把你的依赖性看成爱情。许多施虐者有这种魅力四射的表现：

●魅力是他们掌握的一门技巧——也许不是刻意掌握的——但这种技巧能使他们被接受、被称赞，不被指责。（他这样一个妙人儿，怎么能对这种可怕行为负责呢？）

●他们的魅力虽然可以完美施展，但浮于表面。

●施展魅力是他们抵挡反对的手段之一。

●他们有意或无意地用魅力来掩盖他们的愠怒。

●许多人拜倒在施暴者的魅力之下，后者趁机成功地解除伴侣的心防，给伴侣制造心理混乱，继而控制对方身心。

在这一章里，你开始认识你们之间关系的真相。你所经历的一切对你所思所感、所作所为都会造成巨大的影响，这是不足为怪的，这就是我们下面要讨论的内容。

3

你的情绪为何总被他人左右？

第一次遭受语言暴力时，你恐怕会震惊、受伤和迷茫，不相信这种事会真的发生，但等事情结束后，这种打击渐渐消失，你确信不会再发生同样的事了。不幸的是，这远没有结束，下一次又是那么令人震惊，那么伤人，那么叫人头脑混乱。随着语言暴力一波接一波地到来，你不再震惊，只会越来越受伤，越来越迷茫，也越来越悲伤。

你的施虐男友发作一通扬长而去后，你好长时间都缓不过劲来，你在脑海里反反复复重演这件事，想弄清楚究竟怎么了，你是不是导火索，是不是你拥有了什么或说了什么后就不会造成这种局面了。等别的事转移了你的注意力后，你会暂时"遗忘"这件事，但很快你的大脑又开始分析纠结，你的身体又会回到你见怪不怪的焦虑状态中。日子一天天过下去，你的身体会一直处在焦虑的状态中，而你已忘了不焦虑是什么滋味。

任何念头都会让你失神，并强化这种心不在焉的状况，比如，想到回家就会看见你的男友，想到他回家就会见到你，想到施虐的海德先生何时会逆袭回归，想到上一次 "事件"中你说了什么、做了什么，想到你如何努力想要他明白你的意思，或想到他常常道歉，说他不是那个意思，你不应该受到那种待遇，事情到此为止，下不为例（根据你的经验，每一次你希望有所不同时都会看到他故态复萌）。你也会常常想到他对他的伤人之语和伤人之举轻描淡写、一笔带过，或想到他展示他的"好的一面"时多么令人心动，那种人格魅力 "恰如"你所知道的，是 "真实的"他。你究竟有多少次陷入这种思绪中难以自拔，筋疲力尽？

情感效应

你越是忍受日益频繁、日益加剧的伤人之语和伤人之举，你的苦难恐怕只会越加深重。你可能会感到自己是感情失败者，可能会越来越自我厌弃，你也可能会有以下大部分或全部感受：

- 焦虑、紧张、恐惧、不知所措。
- 头脑混乱、前言不搭后语、判断力缺失、失衡失控。
- 感到挫败、不耐、愤怒、怨怼。
- 孤独空虚、离群索居、无助绝望。
- 脆弱、高度敏感、抑郁。

- 感到能力欠缺、难以胜任任何事、担惊受怕、羞愧难当。
- 深受打击、陷入绝境、萎靡不振。

这些缓慢形成的情绪对身心是一种摧残，相当多的身体、心理毛病都产生于此。你对此的感受越强，持续时间越久，你的身心就越有可能最终以某种形式崩溃。

心理及行为效应

你可能经历过以下心理和行为上的变化：

- 你心不在焉，神情恍惚，无法集中注意力。
- 你的感知力、思考能力、推理能力受挫。
- 你不像过去那样信任自己的直觉、判断力、感知力，变得优柔寡断。
- 你患上了强迫症，陷入自己的处境中难以自拔。
- 健忘，总是不能把东西放回原处。笨手笨脚，老出事故。
- 嗜睡，或拼命工作，让自己忙起来，为的是逃避这种思想情绪。
- 对你的伴侣失去了性趣。
- 出轨，或对某种事物上瘾（如食物、烈酒、药物、性交、赌博、购物）。

- ●你有时候服用镇静药或提升情绪的药物。

- ●你有时候觉得学习或工作难以为继。

- ●你管教不了孩子。

- ●你对你自己感到陌生，且很不喜欢那种陌生。你变得不耐烦，挑三拣四，言语粗鲁，声音难听。你朝孩子发脾气，开车时抢道，被人碰一下或钉歪了一颗钉子就大发雷霆，一杯牛奶洒了也会泪流满面，或尖叫发狂。对自己说过的话和做过的事，你都不敢相信自己会这样说这样做，甚至发现自己也开始柿子挑软的捏，即使不是针对你的伴侣，也会针对你的孩子和其他人。你讨厌这样的你。

生理效应

长期的感情压力——特别是处在失控、不知所措、无助状态中——真的会侵蚀和瓦解你的身体及组织系统。如果你陷入漫长而又典型的虐爱情感乱象中，你就有得各种疾病的风险，从令人烦恼的常见病到致命疾病都有可能。为什么？因为心理对身体的生化反应会产生巨大的影响。许多研究表明，长期的负面情绪会引发对人体有害的化学反应，可能会刺激新的病症出现，或引爆潜伏的老病。你也许已经有了受虐者常见的身体问题：

●胃痛或不舒服，喉咙发紧，胸闷，感到呼吸困难。

●心里紧张，身体发颤，肌肉紧张，身上痛，头痛。处在一触即发的状态。

●乏力、疲倦。（感到"筋疲力尽""好像被车碾过了似的"或"被殴打过"——特别是经历了被虐事件后。）

●入睡困难，浅眠，容易惊醒，睡不踏实，噩梦连连。

●体重明显增加或明显减轻。

●免疫系统过于迟钝或过于敏感，导致频繁患上严重的病毒感染（包括感冒和流感），原发、继发的细菌感染及女性下体真菌感染。其他常见的免疫系统疾病包括新的过敏反应、老毛病的暴发和某些关节炎。这些毛病进一步侵害免疫系统，致使当事人更容易患上一系列的免疫系统缺陷及自身免疫性疾病，包括癌症。

●其他生理性问题还包括心血管、内分泌、消化道、呼吸道、神经系统、肌肉组织问题，包括气短、慢性咳嗽、肠道过敏引发的惊厥、高血糖和糖尿病、皮疹、紧张引起的下颌疼痛和下颌脱臼、高血压及其他心血管疾病。这份清单还在不断增加，因为情感因素确确实实在身体机能受损和疾病中发挥作用。

虐爱关系中的冲突实际上是以你的身体为战场，毒性化学物质在你的身体里循环流动，妨碍它的正常运行。你的非健康负面情绪在向你的身体宣战，后者恐怕必输无疑。身体机能的瓦解究竟需要多长时间，这种瓦解的性质又是什么，取决于多种因素，包括你的体质和家族遗传。不过，有一点不会错，漫长的、强烈的负面情绪会以各种形式摧残你的身体。

如何摆平遭受语言暴力的"问题"

当你处在言语上被虐的关系中，你被迫"求生"，尽力讨好施虐者，想办法让他理解你对事态的感受，尽量阻止他进一步的虐待行为，但你的努力注定付诸东流。

你希望以一种理性、相爱的方式解决分歧，这是再自然不过的事。但你想用正常健康关系里的有效方法来解决你认为的冲突，肯定没好果子吃。你努力阐明你的观点，努力理解他的立场，跟他谈判，向他妥协或调整态度，不回避自己在这个"问题"里扮演的角色，讨好逢迎，卖力费劲地表现，不是道歉就是接受道歉，这些通通都不管用。当你发现这都是无用功时，你可能会尝试给你的伴侣写信，解释一下你认为他没能理解的，却是你想告诉他的话。

你诉诸辩护、解释、道歉、恳求、尖叫、蛮横要求、威胁，你的注意力从你自身转移到你的伴侣身上，你开始观察、判断、安排、控制、预测、反复思考、抚慰、帮忙、提建议、鼓励、表扬——能想到的都做了一遍，就为了把事情捋顺，结束你受到的虐待。你把自己的空间缩小到只容纳他，缩短花在别人身上的时间，减少他不愿意你参与的活动。遗憾的是，这些方法通常适得其反，对他来说正中下怀，让你成为他想要的模样——时刻戒备着。这些做法只会加重他对你的虐待，加剧你的迷茫和痛苦。

你或许还是会出去拜访他不喜欢的朋友，参加他反对你参加的活动。必要时，你会撒谎，掩盖你的行踪，这种方法也行不通。就算他没查出来，在施虐者虐待的阴影下提心吊胆地活着，只会增加你的卑微感和失控感。

你也许能说服你的伴侣与你一起去接受心理咨询治疗。如果他与其他施虐者没有什么不同，他会因这个建议而生气，说你才是那个需要心理治疗的人，而不是他。他会变本加厉地施虐，只为了加强他认为正在削弱的掌控力。或者，他同意接受心理治疗，只不过为了稳住你，或为了限制你的话语权和知情权。假如他是冲着这几个理由跟你去治疗，他停止施虐的可能性不是很小就是等于零。

假如你的伴侣因为想改变自己的行为，挽救同你的关系而选择就诊，他在某天停止施虐的概率要大一些。然而，克服虐待，维持长久性的变化需要投入精力和时间。因此，如果你的施虐伴侣去了几星期或几个月的心理咨询治疗后就声称自己"痊愈了"，这时候，你可要小心了。

身体暴力往往从语言暴力开始，你必须认真对待任何伤害性的威胁。假如你感到不安全，害怕可能会发生的事，尊重自己的直觉，立刻去求救，迅速离开，最好是两种方案都不落下。假如语言暴力升级，他开始四处摔东西，用拳头砸门或墙，你必须清楚你将成为下一个沙袋。在这种情况下，你十分有必要立刻采取措施保护自己免受即将到来的身体伤害，家暴心理医生、热线电话及机构都可以提供帮助。

想到自己一步步变得面目全非，你不免感到心灰意冷。但你可能会有些释然，因为你知道不止你一人这么想、这么感受、这么行动，许多受虐的人跟你有相同的经历。在下一章，我们将回答你有可能问过自己千遍的问题。

4

为什么受伤的总是我？

你的伴侣干吗要这样做？究竟是谁的错？为什么他在人群中偏偏挑中你来伤害？这些问题的答案有可能引导你远离伤痛、迷茫和恐惧。

你的伴侣为什么有施虐倾向？

虽然存在诸多导致人们产生霸凌嗜好的因素，但通常有两个因素是基础。首先，这些人可能天生如此。我们都知道"一样米养百样人"，科学证实每个人出生都带有独特的遗传性状组合，许多遗传特性在婴儿期就显现出来了，比如，有些施虐者可能先天焦虑、高度敏感或咄咄逼人，他们的人生经历只是让这些先天倾向发挥出来而已。进攻型的行为模式和柔顺型的行为模式有时候是一目了然的：推搡其他孩子的奶娃有可能成为校园霸凌者，长大后成为施虐者；安静、敏感、缺乏安全感的孩子成年后可能会陷入自我怀疑中，从而成为施虐者的首选目标。

成为施虐者的第二个因素是他们内心深处储存了厚重强烈的、痛苦的负面情绪——羞愧、悲痛、恐惧和愤怒。这些情绪由儿时经历造成，可能是儿时的需求未得到满足，因此施虐行为成了他们发泄痛苦的方式。他们儿时的家庭环境不是特别严格就是赤裸裸的欺凌，他们可能被父母或其他成年人虐待过或过度管束过，或者，他们自认为曾经被这样对待过。

如果施虐者在暴力环境中长大，他们得到的教育就是他们不正常，他们的情感存有问题，他们多半目击过一个家长或家长式人物虐待另一个家长。假如他们的母亲虐待过他们，或者未能保护自己或他们不受父亲的虐待，他们可能会认为女人软弱，需要掌控，或两者皆是，并因此而讨厌女人。孩子们在这种环境里常常会形成扭曲的三观，认为男女关系就该如此，强取豪夺、情感操控才是王道。他们对男子气、女人、爱情、人际关系和个人权力的看法十分混乱，把爱情与痛苦等同起来，把男子气与主宰他人等同起来——而且还学会了不信任人。

随着这些孩子逐渐长大，越来越多的负面情绪被塞入已经满仓的怨怼、痛苦中，累积的压力就仿若酝酿着爆发的火山。对易怒的伴侣来说，大发雷霆是释放内心压力的一种手段，强烈的压抑情绪造成了这种压力。而不动声色的施虐者则会缓慢释放压力，不时地发作一点，更像小火上煨着的茶壶。两种类型的施虐者都依照他们的性格倾向，以及从经历和榜样那儿学来的东西来发泄自己压抑的怒火。就这样，这种家族"遗产"世世代代传承下去。

关键是要认识到，导致施虐者暴怒的导火线看似来自外部，但实际上还是出自内部。他利用你的话、你的行为做借口，来发泄他累积的不快。他要发作时，才不管你是否说了反对他的话，是否做了叫他不满的事，他总能找到虐待你的借口。

人无完人，你偶尔也会有被伴侣抓到错处的时候。但即便如此，他的过激反应、他的伤人行为都不是你的错误，都不是因为你能力不够，或者是由你的个性、长相、观点、反应或其他因素造成的。源源不断为他的施虐行为提供燃料的，是他库存的苦痛。这就解释了为什么他的反应无法预测、不可理喻。

你的伴侣现在想掌控一切，因为他感到孩童时期失控过，现在仍然感到失控；他现在想变得强大起来，因为他感到孩童时期很弱小，现在仍然感到弱小。他可能想重新掌握自己的弱小和失控，靠的是在你和你们的孩子身上找回场子。这一次，他可能要拼命"拨乱反正"，要得到他过去求而不得的一切。

不幸的是，他的行事作风于事无补，他强求浓情蜜意、高度认同、仰慕欣赏，但不管他得到了多少，他压根儿不相信他被爱着，被人所接纳。什么都填补不了儿时以来伴随他的空虚，他最大的恐惧来自怕遭人厌弃。叫人感到讽刺的是，他离遭人厌弃不远了，因为他虐待亲近之人，虐待最有可能爱他的人，而这种爱偏偏是他最需要的。现在是你会舍他而去，也许将来你们的孩子也会舍他而去。

为了让自己过得舒坦，他把别人当靶子，自以为是地认为只有他关注的东西才是重点。他内部世界的崩塌驱使他去掌控他的外部世界，认为要做到这点就必须控制他人或凌驾于他人之上——就像他儿童时期成年人施加在他身上的一样。

由于欲壑难填，由于自卑和拥有巨大的旧伤库存，你的伴侣对挫折的容忍度很低，这意味着他对生活中的新压力、紧张节奏和矛盾很容易反应过激。又因为无法理性应对问题，他只能靠施虐来减压。当他工作上不顺心，薪水不高，当他为自己犯的错而沮丧，或者，当他要对付其他失望情绪或压力时，微不足道的事都会叫他暴跳如雷，比如你瞟了一眼别的男人，比如孩子把玩具扔到地板上。如果他吸毒、酗酒——许多施虐者这样做，为了填补内心的空虚，麻痹他们的痛苦——问题就更复杂化了，而且他的这些恶习还会进一步强化施虐行为。

你的伴侣习惯于隐忍不发，而不是正确地纾解情绪。他会习惯性地把针对其他人如父母或老板的愤怒积攒起来，发泄到你身上，而不是去触他们的霉头。在他看来，这样做要安全得多。

不论他为什么施虐，结果不变：你就是施虐伴侣倾倒心理废料的垃圾场——用这一招转移注意力，他就可以避开对自己的问题追根溯源。

施虐可以暂时包扎他疼痛的伤口，他渴望睥睨一切、掌控一切，当他做到这一点时，他会立刻感到轻松，并短暂地"嗨起来"。然而，由于他潜藏的未解决的矛盾和情绪没有得到处理，由于他继续往旧伤库存里填补负面情绪，他不得不继续苦恼着——也继续施虐着。

为了得到他需要的控制力和权力，你的伴侣清楚地知道自己该说什么、该如何说。他会逐步了解你如何想、如何感受、如何反应，了解你的脆弱，毫不怜惜地为他所用。他颇有技巧地用言语和行为解除你的武装，在他的心目中，你已渐渐成为他的敌人。你不确定为什么、从何时起他开始把你当敌人看，但你心里明白他真的这样想，因为你常感到自己生活在"战区"。

你的伴侣虽然没有意识到这点，但他的目标就是给你的头脑制造混乱，削弱你，使你易于控制。为了达到目的，他不断削弱你的自我认知，你的自尊，你的自我价值观，你的自爱，你的自信，你的幸福观，你的知性，你的情感和心理平衡，你的应对能力及其他保证心理稳定的因素。这个过程进行得十分隐蔽，你可能根本意识不到。假如你小时候就不被人看重——就像大多数被虐人群一样——或在一个家长凌驾于另一个家长的环境中长大，你就很难察觉你伴侣的行为与常人不同，更不可能意识到你被虐待了，因为这一切都似曾相识。

那么，免受虐待的底线在哪儿？你的施虐男友把儿时的怒火一股脑地倾泻到你头上，为的是把内心的混乱释放出来——这就越界了。他成了一个巨型的、愤怒的霸凌者，不爱他自己，虐人只为享受滥用权力的快感，享受掌控周围世界的乐趣，享受把你踩在脚下的滋味——这就是施虐。你被调教成接受这种行为，相信自己对他这种行为至少负一半责任，尤其是如果你小时候受过相似待遇——这说明你处在受虐状态中。

谁的错？

当你知晓造成他施虐的原因时，你会为他难过，你可能会认为他情有可原，他没有其他选择，你最好想想这样考虑问题对不对。

他变得喜欢欺负人，悲哀吗？是的。然而，其他人也有这方面的倾向，却没有付诸行动。他没被正确地引导调教过，没拥有过不同的童年，没拥有过不同的人生，这悲哀吗？是的。可我们也有痛苦的过去，我们也可能来自不叫我们学好的原生家庭，但我们不虐待人。

尽管我们有天生倾向性，有不良的童年境遇，但长大成人后，我们中的大部分人都能做到对自己的行为负责。你应该把你的施虐男友当成年人看，他应该对自己的行为负责。有求必应、以德报怨，用爱和忠诚来奖励恶劣行为，这些都不可能让你的男友变成模范伴侣，正如这些做法不会把一个惯坏的、肆无忌惮的孩子变成模范儿童一样。

你自己也应该克服一下先天的负面性情，如觉得自己软弱可欺、柔顺而缺乏理性思维。你也应该改变强加于你的模式，在那种模式中，你困于被摧残的境地难以自拔。此时此刻，你该停止这种想法，即认为只要给你的伴侣充分的爱，他就不会再虐待你，眨眼之间就会变成以你的方式爱你的人。你无论倾注多少爱在他身上，都控制不了他的行为，他就是他，你改变不了他，他内心崩塌的那一块是你补不上去的。难道你不认为应该停止做做不到的事，并认识到你的伴侣其实是可以选择的？

●他的行为给他的生活和他爱的人的生活造成困扰，他仍继续他的施虐行为，并选择无视他造成的问题。

●他选择承认他的行为是一个问题，但他怪罪自己的遗传、自己的过去、自己的父母、社会、压力或者你，选择性地认为他摆脱不掉这种行为，无力改变。

●他选择为自己的行为道歉，不时地坚持说自己会改好的，实际上却是越来越糟糕。

●或者，他选择对自己造成的祸患承担责任，主动要求专业帮助，因为他不想再虐待人，选择坚定不移地、全身心地投入到发掘造成他施虐行为的根源，解决它们，确保自己不再施虐。

没有人应该成为过去或天生倾向的牺牲品，从此饱受困扰，哪怕是他也不行。这是一项选择题，由他来选。这么说来，你的男友有施虐行为究竟是谁的错？应该是他的错，也只会是他的错。没有人可以理所当然地虐待别人，即使他天生有这方面的倾向也不行，即使他的童年骇然听闻也不行，即使他有十足的理由对现在、过去发生的事充满愤怒也不行，即使他面对铺天盖地的压力也不行，即使他真心认为你就是他愤怒的源头也不行，即使他还未学会管理自己的愤怒也不行，即使……在任何情况下都不行！是他自己选择了施虐，正如你选择了留下来受虐一样。

你男友的暴力行为不由你负责，他为什么有暴力倾向不由你负责，他偏偏选你来施虐也不由你负责。你该负责的是，你允许自个儿承受他的虐待，允许他的暴力如他所愿地折磨你。

在生活中，我们都有可选可不选的事，你伴侣的其中一项选择就是虐待你。或许他找不到做出这种行为的理由和动机，但他清楚地知道他的所作所为给你造成了巨大的痛苦，破坏了你们之间的感情。毫无疑问，他看得见你的痛苦，你也告诉过他，他这样待你有多伤人。然而，他还是时不时地选择继续他的这种行为，选择不为自己的行为负责，选择不反省为什么做这些事，选择不深究导致他这种行为的心理问题。他也可能酗酒、吸毒，选择不承认自己是瘾君子，更遑论戒酒、戒毒了。即使你的伴侣是一个温和善良的人，身无反骨，而且他确实不懂他哪点做错了，但他可以选择认真地审视自己的行为，而不是怀疑你无事生非、大惊小怪，这显然就是不负责任的行为。

别天真地以为你的伴侣控制不住自己的施虐行为，只要他选择不施虐，他就能做到。他不会虐待他的老板吧？他多半也不会虐待家庭之外的大多数人。事实上，虐待自己的女友、妻子都是躲在门背后进行的。在他人眼里，施暴者总是"风度翩翩、温文尔雅、友好良善的人"。

尽管你不完美，尽管你的伴侣有各种各样的施虐理由，那都是他的问题，都不该由你来承受。在健康、无暴力的关系中，你的软弱无能、你的缺乏安全感、你的个人喜好和情感脆弱都不能用来攻击你，反复伤害爱你的人从来就不是天经地义的，这一点尤为重要。你可能目前还难以相信这种说法，不过，在逐步了解真相后，你就是朝摆脱暴力迈出了一大步。

你的伴侣不是生理遗传、他的过去、不可控的处境的可怜牺牲品，你一旦意识到这点，就不会落入代他受过、"帮他"改邪归正的陷阱，你会知道他洗心革面的唯一出路就是选择改变他自己。只要你不再想帮他改邪归正，你就在摆脱暴力的路上又迈出了一大步。

为什么偏偏是你？

你的伴侣天生喜欢施暴，并出于某种心理原因喜欢这样做，而你却不是始作俑者，那他为什么选你作为施虐对象——原本你应该是他爱的人？或许他的爱情观是扭曲的，特别是如果他生长于一个暴力家庭，或把女人当作财产的文明中。他或许认为成为你的男友后，他有权按自己的喜好对待你，有权成为你的主人、监护人、法官、陪审团、狱卒，对待孩子的态度也是如此。或者，你可能是男友发泄愤怒的目标，因为你跟他母亲或别的他过去爱过的女人相似。他母亲或这些女人曾叫他失望过，伤害过他，遗弃过他，他朝你大发雷霆时，可能实际上是朝她们发泄怒气。

我们可以没完没了地推断为什么你成了他的施虐对象，其中，有两点是基本条件。首先，你选择跟他在一起。你会说你不知道你的伴侣是这副样子，直到你已经深陷其中。也许你过去没注意到他发出的行为信号，也许你注意到这些信号但没有加以重视，也许你被他的魅力和"有担当"的阳刚之气所折服，也许你选择了他，是因为他选择了你。你无法抗拒他热烈、浪漫的追求：他需要你，他深爱你，他渴求你。他告诉你，你是美丽的、耀眼夺目的、独一无二的公主——你这一辈子想听的好话都被他说尽了。于是，你义无反顾地把他纳入你的生活，给了他接近你的机会。

他虐待你的第二个理由是他可以做得毫无负担！你可是随叫随到，赶都赶不走；你可是对虐待听之任之，全盘接受。当然，也还因为他认为在某个层面上你已用情至深，难以脱身。因为他了解困住你的弱点、恐惧和迫切需求，因为你已对他介乎爱与怒之间起伏不定的行为上瘾了，因为你已接受了他反复摧残你的自我价值，接受了自己毫无尊严地活着。还有就是，因为你纵容他以你为代价提高他的权力，强化了他的施虐行为，也因为他知道你的容忍度。不过，好消息不是没有，这些问题都有办法解决。

扪心自问，霸凌者通常挑什么样的人？他们是挑敢于跟他们对着干的强者，还是挑胆小怯懦、无力保护自己的人？即使你有时候鼓足勇气告诉你的伴侣，他的行为不可理喻，你再也受不了他的虐待，他却知道你会接受的。那些威胁空洞无力，因为你以前也说过此类话，但你还是留下来了。

你在生活的其他方面或在其他关系中可能是一个精明强干、自强独立的女人，但在最重要的关系中软弱无能。这种情况也可能发生在男人身上，相当数量的位高权重、成功富有的男人遭到女人的言语侮辱。因为只有在爱情中，我们才真正变得脆弱。我们从此过上幸福生活的童话，我们对爱情的幻想，我们的弱点，我们的担忧，我们的迫切需求，我们的"人为刀俎、我为鱼肉"之感，都能让我们陷入受虐的泥沼中。

在下一章里，你会了解什么是健康的真爱，什么不是。用一些简单却发人深省的标准来测试一下你的爱情状况吧。

5

情感中毒：
有毒的亲密关系

你有多少次听到过"我要不是因为爱你，也不会这么生气"，或者，"我就是因为爱你才跟你说这些"？这些说辞，还有说辞背后透露的迫切心情都在迷惑你。他们以爱的名义发泄怒火、虐身虐心，难怪受虐方常把他们与伴侣之间扯不断、理还乱的纽带当作爱情。其实，这与爱无关。

因为你和你的伴侣内心都充满了来自过去的迫切需求，因为你们都学会把爱纳入愤怒和痛苦的范畴，这些情感交织缠绕在一起，你们已经难以区分，你们把激烈的情感等同于爱——即使这种情感是痛苦。

无虐关系和受虐关系的区别在于，健康、无虐的关系是靠爱而不是愤怒维系，受虐关系则是靠愤怒而不是爱来维系。想知道自己的恋爱关系究竟由爱主导还是由怒主导吗？

由爱主导的关系有别于由怒主导的关系，这在我的书（马西娅·格拉德·鲍尔斯的书）《相信童话的公主》中有所阐述。在下面的节选中，心灵博士亨利·赫伯特·胡特——一只演奏五弦琴的猫头鹰，也是公主的智囊，对公主解释了什么是真爱。

"真爱意味着自由和成长而不是占有和限制，意味着和平而不是混乱，意味着安全而不是恐惧。"博士边说边开始加快语速，"意味着理解、忠诚、鼓舞人心、有担当、心意相通。还有，这部分对您尤其重要，公主，那就是尊敬。没了尊敬，余下的则是苦痛，深深的、令人不安的、毁天灭地的、几欲发狂的苦痛，而这从来就不是真爱的至臻境地。"

公主回答说："关于这一点，没有谁比我更清楚。我知道我应该只接受尊敬，但即使是真爱，也会有低谷的时候。我的意思是，人总有不开心的时候，都会说一些……"

"没错，但你可以对某人的所作所为感到不开心，不一定非要讨厌、虐待说这话做这事的人。真爱意味着像朋友和队友那样求同存异，而不是把对方视为对手或竞争对象，因为真爱无关对抗和输赢。"他越说声音越大越深沉，他高高地站立，像孔雀一样昂首挺胸，"真爱中从来没有百般苛求，没有残忍，没有攻击，没有暴力。有真爱的家是港湾，不是监狱。"

根据这些爱情测试，你如何定义自己的恋爱关系？

日常生活经历为你提供了有价值的见解，让你能够真实地感受自己生活的各个方面。要重视这些感受，并从中学习。感受是信号，向你预警那些朝不利于你的方向发展的事情。你能从不同情况产生的感受中认识到你处于怎样的关系中。以下三种有趣的情况发人深省：

婚礼测试

心灵博士谈到的真爱元素常在婚礼中表现出来。你有没有过这种经历：你参加别人的婚礼，或观看电影、电视上的婚礼，当听到新娘、新郎被告知他们应该相爱、相互尊重、相互扶持，应该成为对方的主要力量源泉时，当听到他们的家应成为外部纷扰世界里的一间庇护所、一座天堂、一个宁静并能养精蓄锐的地方时，你有没有强忍着不让眼泪落下来？当你记起你曾有过的梦想——珍爱自己的爱人以及被爱人珍爱，你有没有感到悲哀淹没了自己？是不是仿佛你向往的一切都已转瞬即逝？

问候卡测试

挑选生日卡、纪念日卡，或情人节卡时，你是如何感受的？你有没有拿起一张又一张的卡片，读着上面的感谢之辞，知道这是对充满爱意、英俊帅气、你的生命之光的感谢，但你却只能把卡片一张张放回去，而且越来越心痛？当你意识到没有一张卡片是你真正愿意送给你的伴侣时，你是不是感到心发紧，眼里蓄满泪水？你有没有带着一颗破碎的心，空手离开商店？

"我们的歌"测试

当你听到"我们的歌"时，还有以前的愉悦感吗？或者，你只是感到抑郁，心想究竟哪儿出了错。当你听到痛失所爱的唱词时，你有没有想落泪的感觉？当唱起为爱奉献的歌词时，你有没有内心疼痛不已，因为这正是你求而不得的东西？你有没有关掉收音机，避免自己再痛一次？你有没有觉得怎样做都躲不开？还有那挥之不去的恶心感？

婚礼测试、问候卡测试、"我们的歌"测试能够有效地帮你理清你对你的伴侣及你们的关系所怀有的真实感受。［这么说是因为有八位女性的普通经历为证，她们是早期"从此过上幸福生活"俱乐部的成员。这个俱乐部是一个出色的女性心理治疗团体，我（马西娅·格拉德·鲍尔斯）曾是其中一员。］

有一句话可以进一步定义你们关系的实质，就把这句话当作评估你们关系的标准吧。

"爱必须体现在思想、话语、行动上。"

只说爱你是不够的。假如你的男友没有爱的想法，没有爱的话语，没有爱的行动———一贯如此——那么，你拥有的不是爱情。

现在，就这一章里提到的所有标准思忖片刻，再考虑你们的关系是不是爱情。

问问自己以下重要问题：

- 你的安好是不是你伴侣的关注重点？
- 他能不能做到相敬如宾，并尊重你现在的模样？
- 你能不能做到相敬如宾，并尊重他现在的模样？
- 他有没有使你呈现最好的一面？
- 他是不是你最好的情感支持，是不是经常鼓励你？
- 他信任你和你的能力吗？
- 他鼓励你成长吗？
- 你有没有感觉到自己的人格是独立的，可以理直气壮地拥有自己的观点、信念、偏好？
- 他为你的成果、成就感到与有荣焉吗？
- 你有没有感到被理解、被承认，感到岁月静好？
- 他是你的挚友吗？始终如此？
- 他有没有让你感到生活踏实且多姿多彩？
- 跟他在一起幸福吗？

到了正视这些事实的时候了

当你读完这些爱情测试并思考如何回答以上问题时，有没有眼中蓄泪，心中带悲？虽然直面你的真实处境很难受，但这是唯一摆脱痛苦的办法。因此，虽然在心绪好转之前，你会感到心情更加恶劣，但还是值得一试。

假如你处在被虐关系中，你的伴侣不会有兴趣澄清伤害性的"误会"，不会有兴趣讨论这个"问题"，不会有兴趣与你和平共处，不会有兴趣听他如何伤害了你或理解你的感受，不会有兴趣关注你的安好和你们之间关系的良好发展，他不会站在你这一边。

在一场激烈进行中的拔河比赛里，他是你的对手，但他矢口否认这点。你既不能相信他对你做的事，也不能相信他对你说的话。他感兴趣的是操控你，无论他是否意识到这点，他几乎是不择手段地把人玩弄于股掌之中，并努力维持这种局面，不遗余力地强大他自己，削弱你的力量，提高他的掌控度，降低你的自主性。愤怒，而不是爱成为他行动的燃料；愤怒，而不是爱成为你们关系的黏合剂。这种关系的基础是情感上的相互依赖：用你们相互依靠对方的看法和反应来定位自己。

如果你认为"离了他就活不下去"，你的情爱就是建立在需求而不是爱的基础上。如果你的伴侣使尽手段扣住你不放——包括使你软弱不自信到离不开他——他只是害怕离了你他也活不下去，这诚然不是爱情。激烈的情感会让你误认为你们在相爱。其实，这只是下意识的有所需求的结果，只是情感成瘾或性欲成瘾的结果，或其他问题的结果。

迫切需要爱情，迫切需要得到你伴侣的认可，这都是很自然的事，是人的本能。研究员约翰·鲍尔比和其他心理学家表明，婴儿有强烈的黏着父母及育婴员的倾向，他们迫切需要表示爱意，迫切需要被人所爱。到了少年期和成人期，我们继续保持这种生理倾向。不幸的是，我们中的某些人（特别是童年需求未得到满足的那部分人），夸大了我们的天生倾向，过于迫切地需要心上人的爱和认可，并把很大一部分生活用于想方设法地满足这种迫切需求。

健康的爱情是建立在想要得到爱和认可的基础上，而不是欲壑难填。得不到爱，你会悲伤，会失望，会打起精神去寻找，想办法把爱纳入你的生活中，可是，你不会急不可耐、破釜沉舟。如果心上人不爱你，或你们之间不来电，你意识到你从他那里得不到你所需要的，你会当断则断，另觅他人。健康的爱情仅存于双方都能独立生存，只不过选择在一起生活而已。他们的选择来自力量，而不是来自抓住最后一根稻草般的绝望。

对爱和认可过度渴求则完全不同，而且非常不健康。因为，当不爱的行为和不认可阻碍或替代了对爱情的过度渴求，你就会把欲求不满当作天塌地陷一般，深信自己遭到了所有人的嫌弃，不配拥有爱情，或深信自己一无是处。

如果你对爱情和认可过度渴求，偏又处在被虐的关系中，你就真的有麻烦了。他表现得越狠辣，你就越沮丧、抑郁，就越想挽回你渴望的爱情及认可。于是，你越发纠缠他，越发仰仗他的认可。当他不虐你并真正善待你的时候，你感到仿若坐在金色战车里飞向天堂；当他换回狰狞面目的时候，你的情绪跌入谷底，郁郁寡欢。

孩提时期，相似的情景可能在你和父或母、你和监护人之间发生过。如果真是如此，你迫切地想要你爱的人回报你的爱的行为，不过就是重演过去的挣扎而已。这种挣扎扰乱你的心神，使你陷入这种关系的泥沼里难以自拔。

别犯傻了。记住，尽管你的施虐伴侣时而以你的朋友自居，但他不是你的朋友，他是披着羊皮的狼，是令人生畏的、一肚子坏水的敌人，只不过他也许不自知罢了。他诋毁、陷害你，猝不及防地攻击你，瞄准猎杀你——一次又一次。如果你听之任之，你会在经历一次又一次的战斗后筋疲力尽，最后输了这场战争——一场能保证你身心健康并让你过上充满爱和快乐的生活的战争。

请看看这些冷酷的事实：

●语言暴力是家暴的一种形式，是折磨心理、情感的一种形式，是洗脑的一种形式，绝不是爱的形式。

●双方在虐爱中纠缠不休，这往往被看成是爱情，但这其实只是一种对对方的急迫的情感依赖。

●想从理性上让非理性的施虐者理解你，注定是竹篮打水一场空。

●言语施虐者不寻求专业帮助，几乎都会落入越来越糟糕的境地。

●言语施虐者有时候会升级到朝物体发泄，朝物体挥拳，扔东西，撕扯、打破东西。朝物体发泄可能会升级到朝伴侣的身体施暴。

●语言暴力是身体暴力的第一阶段。语言暴力经常发生在身体暴力之前，或伴随身体暴力。幸运的是，许多言语施暴者没有演变成身体施暴者。

●要认真对待口头威胁和棍棒挥舞。

●当言语侮辱从暗处发展到在人前口不择言，就意味着施虐进入第二阶段——身体暴力。

●一旦出现身体暴力，你必须采取防御行动，求救并离开。或者，提前做好准备，以免离开时太匆忙。

●早点脱离受虐关系比深陷其中多年后再脱离要容易得多。长期处在这种关系中，你的身心都会遭到重创。

一时的忍耐换不来长久的平静

尽管如此，大多数受虐者都会留下来争取转圜的余地。但除非她们毅然决然地采取不同的行动，否则她们会受更多的苦。有些人一走了之，认为这样可以获得自由，其中真的有人自由了，可大多数仍然痛苦着。她们也许不再遭到前任白马王子的不间断攻击，然而，她们仍可能是下一个、下下一个白马王子的打击对象，仍会苦恼着为什么还是陷入了同样的困境。离开后没有再次陷入此种常见困境的人仍然会痛苦，因为，尽管在时间和空间上远离虐爱，她们仍然由于身心受创、头脑混乱、恐惧自卑而饱受摧残。

不管是去是留，受虐者都在想方设法脱离痛苦。有些人把头埋在沙子里，孤独地舔舐伤口；有些人查阅资料，找人倾诉，加入心理治疗小组。她们想成长起来，想学习，想强大，想放手，想照顾好自己，想成为精神上的富人，这些努力都不是徒劳的。不过，无论她们恢复得有多好，只要她们不脱离这段感情，她们仍然会每天苦苦挣扎，反反复复、竭尽全力地重建和维持情感、心理及身体上的平衡。

即使她们一走了之，也免不了面对多年的挣扎，为的是克服所遭遇的一切，为的是最终捋顺思路，治愈千疮百孔的身体，为的是应对独立生活带来的挑战和扰乱人心的新恐惧，也为的是改变她们的行为模式，不至于被新的施虐型"白马王子"带进沟里。

难道人生就该如此一败涂地吗？难道你注定永远在生活的泥潭里翻滚哀号吗？答案是毫不含糊的"不！"。无论去留，你都可以充满信心、昂首挺胸地迎接每一天，可以拍拍自己以示鼓励，而不是苛责自己。你的人生定会出现熠熠生辉的阶段，仿若阳光下的珠宝。何以得知这点？因为我们已知许多遭遇过语言暴力的女人过去是疲惫、迷茫、悲伤、孤独、恐惧的，但现在却比以往任何时候都活力四射、内心强大、头脑清晰、有所成就，幸福而有安全感。她们每天都有领悟，因为她们选择利用被虐经历作为学习工具，让自己变得更强大，更睿智，选择利用内在力量去自愈，修补她们破碎的梦想，重新编织生活的经纬线。

你也可以做同样的事。你和那些女人心意相通，梦想一致，而且都是梦想幻灭的公主。你也跟她们一样，寄希望于找到并爱上一个白马王子以获得幸福。其实最稳妥的从此过上幸福生活的方法是认清自己，喜欢自己。

被虐是警示……你警觉起来了吗？

被虐是敲响对自重、尊严、自爱、个人实力的警钟。被虐可以促使你去寻求清晰的答案和高远的理想，是促使你生命怒放的一个机会，也是你认清自我、了解生活实质、深谙真爱的一个机会。被虐可以是对真谛和智慧打开的一扇门，也可以是牢不可破的痛苦囚笼。选择权在你手里，这只是一个选择而已。

你的恋情正如一面镜子，反射出你必须学的东西，促使你从内心深处探索为什么你对施虐者有吸引力，为什么你对虐待做出如此反应，什么样的情感旧伤会不停地把你拴在施虐者身边，会把你同伤痛和苦难捆绑在一起。这些问题的答案会让你清楚地认识自己，并为你的个人成长和脱胎换骨提供机会。

你的情感伤痛虽然可能是你的敌人，但也带有重要的目的。它会发出要求关注的信号，像一面大红旗，一次又一次疯狂地扑向你的面门，让你不注意都不行。疼痛是把你变得更好的催化剂，是美好生活的催化剂，能帮助你认识到你的所需所求，促使你采取必要措施去满足你的需求。情感伤痛迫使你强大起来，迫使你努力学习，迫使你越发看好你自己。你可以把情感伤痛化为生活中的正能量，利用它去做以前想都不敢想的事。

你因此能得到你在这个世界上最想要的东西：身心自由。没有痛苦，没有头脑混乱，没有恐惧，没有自惭形秽。你能了解真谛，获得理解和认可；你能得到尊重，博得赞赏，收获温情；你能重拾自信、自重，找回生活目标和自我实现的方向，找回无痛无伤的持久真爱；你能身心安宁，再一次渐渐相信真的会从此过上幸福的生活。

我们都曾深信过，我们及我们的生活都是我们希望实现的美好童话，而你们的童话仍然可以实现。亡羊补牢，未为晚也，一切皆有可能。无论是过去还是现在，你都可以把困境化为工具，用来建造新梦。别忘了，在每个童话里都有需要征服的邪恶。邪恶的存在并不意味着童话无法实现，而是意味着必须征服了邪恶才能实现童话。如果灰姑娘被继母和继姐折磨得死去活来，从而放弃自己及梦想，再无勇气去参加舞会，会是什么结局？请想一想吧。如果你放弃自己及梦想，你又怎么知道不会有璀璨的余生在等着你？

你比你想象的要坚强，直面你们的关系和你本人是需要勇气的，但你正在做着！你朝打破受虐桎梏的路上迈出了关键的第一步，你愿意客观地看待你们的关系，你应为此感觉良好，并给自己点个赞。这不是一件容易的事，不是每个受虐者都愿意选择这样做，但如果你不是个中强者，你就不会读这本书。

学得多就能变得更强，更能采取行动平息心情，给生活注入快乐。这本书将一步一步地告诉你如何做，哪怕你的王子变成了癞蛤蟆，你也能学会从此过上幸福的生活。有些人就做到了这点。现在，你需要了解实现这一切的秘诀。

第
二
部

如何摆脱以爱为名的情感操控

6

秘诀：
识破情感谎言

你有没有渐渐信了施虐伴侣说你的那些话，哪怕你刻意忽略都不行？你有没有认为越来越难以接受自己，越来越看不到自己的价值？你有没有感觉这些言语吸干了你的精力，偷走了你的自信及自尊，用无边无际的痛苦之网套住了你？若真是如此，以下不容置疑的事实会叫你吃惊不小，因为，这些事实和你所相信的、所听到的或别处读到的都正好相反。

●无论你遭遇什么，你都不应该深感打击，你不应该因那些虐待而自责、自愧、自贱或觉得自己挺差劲，觉得自己应对这种待遇负责。不管施虐者那些难听的话是否属实，或是否半真半假，你都完全不应该受到打击。

●你的施虐伴侣或其他人要把你变成诚惶诚恐、战战兢兢、头脑混乱的可怜虫，这个可怜虫还时不时地怀疑自己是不是疯癫了，而你是有能力阻止这一切的。

●不管你的施虐伴侣有没有改变，你都能从那辆情感过山车上安全着陆。

●你能控制自己的苦难，能阻止苦难发生。

●你的心平气和及幸福美满都在掌控之中，可以信手拈来。

即使你仍在受虐，但你的心情出奇地好，你觉得这样想很困难吗？如果你觉得这样想很困难，不足为奇。你毫无疑问已经试过多种方法减少苦难都不成功，想"麻木一点"行不通，想"超脱"做不到，提醒自己"棍棒和石块能敲断我的骨头，言辞却不行"还是不管用，甚至，怼回去也不见得让你的心情好起来。

不过，别以为这些方法不管用就没有管用的方法了。你已经把自己的情绪压缩到可控范围，本能地降低了施虐者对你的打击力度。现在，你将学会另一种方法——已证实是可行的方法。你不必相信这方法管不管用，只需满心情愿地去尝试。你已经试过多种方法，难道不愿意再多试一种？只要你愿意，你就能彻底战胜你的痛苦。

即使你现在感觉不到，但你的个人力量不可小觑

我们将告诉你，即使语言暴力把你的生活搅得天翻地覆，摧毁你的幸福和身心安宁——对大多数受虐者来说是这样的——但这

不是不可避免的。你能改变你周围世界的面貌，哪怕大环境依旧不动如山。当你学会掌控自己的情绪，你会意识到你拥有力量，这种力量是你认为已失去了的或者你认为从未有过的：就是掌控情绪和生活的力量，就是决定你如何感知自我、感知被虐、感知你的施虐者的力量，也是决定你对此做出何种反应，如何应对的力量。事实是，只要你相信，你就拥有足够的个人力量。

相比于你的伴侣，如果你是一个力气不够大的小个子女人，如果你没有足够的生活经验和技能养活自己，那么，你认为自己不够强大情有可原。可是，运动员般强壮的女人，事业蒸蒸日上的女人同样在与施虐伴侣相处时感到绝望。那么，你有没有想过需要什么才能让你感觉强大起来？琢磨一下吧。

现在，让我们来看看被伴侣狠虐的男人。叫人瞠目结舌的是，他们跟被虐待的女人一样忍受被辱的秘密，安静地吞下苦果。他们中有些是过着普通日子的普通男人，而有些则是拥有精彩人生的惊才绝艳之人。有高大强壮的运动员型男人，也有高智商的学者型男人。不管是哪种类型，在他们的私生活里，他们都是惊恐不安的小男生，在母亲般嚣张跋扈的伴侣的淫威下瑟瑟发抖。

这些男人也是不同类型的组合，高大、强壮、经济独立、成功、富有、有影响力、高智商、受过良好教育、深谙处世之道，你能想到的，能定义为个人力量特性的，都可能在这些男人身上找到。然而，他们却不敢过他们想要的生活，不敢惹他们的伴侣不高兴，正如你不敢惹你的伴侣不高兴一样。他们的施虐伴侣控制或滥用他们的钱，监控他们的时间和活动，怂恿孩子们跟他们作对，对他们毫不在意，不讲情面地斥责他们——也许无论是在人前还是在人后都是如此。而他们只能无助地、默默地站在一旁，什么都做不了。有些人为了逃避伴侣的严密监控，偷偷养小三。即使是这群人也整日面对伴侣没来由的暴怒和报复而活得战战兢兢，因为害怕她们发怒，他们任由恐惧绑架了他们。

我们已经充分了解了这种男人，已帮助他们看清他们的软弱无能来自他们对自己的认知。由于他们身强体壮、经济独立，你就认为他们应该个人力量强大，应该能够主宰自己的生活。可是，个人力量是一种心态。记住，这点很重要。你在你们的关系中感到无能为力，实际上是你选择放弃力量，使得你的伴侣乘虚而入，你才变得如此无能为力。你看自己软弱无力，你就软弱无力；你看自己充满力量，你就充满力量。

现在请好好注意了。我们将告诉你七个能改变你生活的基本事实。这些事实是克服语言暴力的秘诀的基础。一开始，你可能读不下去，可能会朝我们尖叫，因为是我们说出了这七个基本事实。然而，这些事实是让你恢复好心情的关键。

基本事实一
你，只有你造就了你的情绪

难以置信的是，你认为是因为遭到言语侮辱而心力交瘁，实际上这种感觉是你自己造成的。事实是，所有情绪都是你本人的手笔，没有人能强迫你感觉任何事。你强迫自己去经历每一种情绪，你也把握着你所经历的每种情绪的张力。你的施虐伴侣没那本事用言语和行动伤害你，没有人可以未经你允许，未得到你的帮衬，就能强迫你感受任何事。

因此，尽管你把自己所有的遭遇都归咎于你的施虐伴侣，但事实是，你不停穿越的痛苦情感之环都是你自己制造的。你也许不想听，但这是好消息。为什么？因为这意味着你能自己停止痛苦，而无须依仗你的施虐伴侣为你停止痛苦！你明白这一点吗？你马上会认识到这是长期以来你听到的最好的消息。再说一遍：你可以停止痛苦，而无须依仗你的施虐伴侣为你做到这点。

你无须为了使你的施虐伴侣不再折磨你，失控地、被迫地解释、催促、哀求，要心机或试图强迫他。你能够自行停止痛苦，事实上，你是唯一能让自己停止痛苦的人！你是唯一有本事改变你自己的人。你比世界上任何人都更能减轻你自己的痛苦，这任何人中也包括你的施虐伴侣。你浪费了大量精力试图改造他，如果这精力用来修复你自己，你能大幅度地减轻痛苦，恢复个人力量，再一次使自己和自己的生活从感觉上变得美好起来。

这就是为什么这本书的余下内容主要谈的是你，而不是你的施虐伴侣。在前面几章里，你已了解他的所作所为——让你感到自卑以显示他能耐，并且玩弄施虐技巧制服你。你已经了解他是什么人——缺乏安全感、不成熟、控制狂、厌恶女性，同时还是一个易怒之人。你已了解他讨人嫌的本事跟他不可抗拒的魅力一样大，他爱你至深，恨你也至深；你已了解不管施虐者的伴侣做什么或没做什么，说什么或没说什么，没有几个施虐者会有所收敛。到了正视这个事实的时候了，对你施虐的人说的、做的、想的、感受的都不是你的主要问题，也不再是你的关注对象。你就是你的主要问题，该由你成为你的主要关注对象了。

或许你不是有心的，但你不知不觉中跟虐待你的人沆瀣一气。当他不急于虐待你时，你开始虐待你自己，你成为自己逃脱不掉的施虐者。这个施虐者知道你所有的弱点和不足，记得你所有错误和尴尬的时刻，还有你的瑕疵和癖好；这个施虐者得心应手地利用它们与你作对，也利用它们帮助别人与你作对。你就是这样一个施虐者，对自己纠缠不休，把自己折磨得体无完肤。只要她愿意，她会想怎么害你就怎么害你，想害你多长时间就害你多长时间。这个施虐者缺乏安全感，自我怀疑，渴望爱情，使得你轻易成为你伴侣的猎物。

这本书为你这个施虐者所写，为你这个可以加以改进的施虐者所写，为你这个颇有能耐的施虐者所写。写这本书是为了让你认识到这种能耐——只要你愿意学着使用它，它就是取之不尽的、天生的让你重整旗鼓的巨大力量。如果你留在虐爱关系里，或认为自己有必要留下来，这股力量能让你彻底翻盘；如果你选择脱离关系，这股力量能使你足以强势离去，使你的梦想成真。

你是如何酝酿自虐情绪的

正如你的施虐伴侣的表现起源于过去，你的情绪和行为——包括自虐表现——也来自过去。小时候，你的大脑像电脑一样编写程序，与电脑不同的是，电脑由具有必要技能的专业人士编程，而你输入的则是缺乏完美育儿技能的不完美人士的程序。

作为一个没有经验和自我判断力、处处依赖他人的孩子，你像大多数孩子一样，不可靠的大人说什么、教你什么，你就信什么。你可能接受的是常规育儿指导和合理的家长式规矩，却把这些夸大成约束自己、他人及世界的应该做什么、必须做什么的铁律。你对事物的思考都以被固化的评价和理解为基础，以你的经历为基础。

不幸的是，你不清楚孩提时期的待遇和受教方式都与你父母或养育者及他们的问题有关，跟你关系不大。比如，假如你有一个过度操劳、缺乏耐心的母亲，靠大声斥责来应付压力巨大的环境，你就会认为你才是造成她心情恶劣的罪魁祸首，你会因此而灰心丧气。

不知不觉中，你一点一滴地全盘接纳了你父母或你的养育者的判断，甚至他们曾经对你的苛责，你也学会照单全收。等他们不再整天对你指手画脚了，你却替代他们来做这件事。你用他们的眼光看待自己，用他们的方式对待自己，把他们曾经的言行都加诸到自己头上。不管你父母对你的期望值是高还是低，你只想活出他们的期望。

更糟的是，你和其他人一样，天生倾向于抓住过去不放，很长时间里甚至穷极一生都生活在过去的阴影里，任其影响自己成年后的情绪和行为。别说，有些人因此而完美地走向人生巅峰，有些人则干脆摆烂了，而大多数人介于两者之间，竭尽全力不让缺乏安全感拖他们的后腿，或导致他们悲惨度日。然而，太多人对自己说过痛苦不堪的话："我早该知道自己有多蠢。""这个必须解决了，否则就是我的死期。""我这样穿太胖了，真受不了。"这么看来，哪怕你在一个"正常"家庭里长大，你也能学会虐待自己。

在暴力家庭里长大的孩子更容易接收负面信息。别人以各种方式不停地告诉他们，他们有多没出息，他们遭到系统性的"编程"，任由"他们爱的人"教他们如何思考，如何说话，如何行动，如何表达情绪，如何对愤怒和挫败隐忍不发。如果你现在处在成年人的虐爱关系中，那么，你小时候完全有可能被人虐待过。你也许不时地被告知，你不太聪明，不吸引人，不善良，不被人看重，不可爱，或没本事把事情做对做好——甚至还有更难听的话。你可能全盘接受了这些看法，无限放大，渐渐坚信这些话是真的。一旦信以为真，你对自己的认知就定型了，从此不仅把自己看得一钱不值，还不知不觉地维持这种错误的自我认知，"感觉"这是真的，于是依照这种感觉过日子——以至于活得一败涂地。

对你的虐待可能是赤裸裸的，也可能是不动声色、难以识别的；可能是严重的，也可能是轻微的。不管是哪一种，不管你是否意识到，你一定在很多时候都在自我怀疑，看不起自己，费劲巴拉地争取你认为是必不可少的爱和认可。你习惯于从不能也不会给你爱和认可的人那里去争取，习惯于别人对你打一巴掌，给一颗甜枣，爱恨交加地对待你。

你可能目睹过母亲受虐，并从她那儿学会了自己该扮演的角色。你对虐爱关系习以为常，在你的认知里，情爱伤人，你早已习惯了前一分钟恩爱无比，后一分钟反目为仇的跌宕起伏。作为成年人，你又一次感到迷茫、焦虑、愤懑、诚惶诚恐，觉得自己不配拥有爱情。你孩提时期得到的认可和爱越少，你现在就越感到自己需要这些。你的渴求使你不堪一击，很容易落入苦情陷阱难以自拔。怪不得你会自虐，也怪不得你现在会落入如此境地，过着一团糟的生活。

如何摆脱令你痛苦的陈旧思想、情绪和行为？你可以改变你的"程序"。

改变你的思维
改变你的人生

回顾一下孩童时期，你现在似乎不可避免地在重复小时候的信念、感受和行为，但你的过去完全可以用另一种方式影响你。你可能有兄弟姐妹，他们对在这个家庭长大有不同于你的看法，他们可能长成了完全不同于你的成年人。在你身上发生的事形成了你的看法，而你的经历在某种程度上来源于这些看法。

我们知道每个人对自己的经历有不同的看法，也受到不同的影响。同样的环境和阻力让某些人一蹶不振，却鞭策另一些人走向人生巅峰，可谓彼之砒霜，汝之蜜糖。换一个角度看问题，一切就都变了。这就使我们可以从第一个基本事实——你，只有你造就了你的情绪——转向第二个基本事实。

基本事实二
你对人、事、情况的看法决定了你的现实世界

设想你在电梯里，请求站在前面的男士侧身，让你走出电梯，但他没有理睬你，你会恼火吧？甚至可能会感到愤愤不平，说不定会讽刺几句，推开他走出去。可万一你意识到他是聋子，听不见你的请求呢？你的感觉会不会大不一样呢？

你会不会突然感到一切都解释通了，你会不会突然产生共情？也许甚至会为自己原先的想法和行为感到愧疚？为什么所发生的事情没变，你的心境却变了？因为你对事情的看法和理解不同了，因而你说给自己的话也不同了，这就让我们转向第三个基本事实。

基本事实三

人、事、情况不会破坏你的心情，而你对它们的理解，
关于它们你说给自己的那些话却能破坏你的心情

正如你所看到的，你对情况、事件、他人话语及行为的理解破坏了你的心情。你的理解是以思想的形式呈现，以话语的形式出现在脑海里，这意味着你思考的时候就在脑海里与自己无声地交谈，你在脑海里说给自己的东西酝酿着你的情绪，左右着你的行为，你实实在在是按照你所思考的去感受，然后按照你所感受的去行动。

你的思想、情绪、行为互为依存，形成一个有机整体。几乎在任何情况下，比如我们提到的电梯事件，如果你有了不同的理解，告知了自己不同的话，你的情绪就会有所改变。你的情绪变了，行为就有所改变，因此，这就到了我们讲第四个基本事实的时候了。

基本事实四

思想产生情绪，情绪引发行动

现在你懂了思想产生情绪和行动，而你的思想包括你的个人理解和你说给自己的东西。你的思想建立在信念和态度的基础上，一般来说，你的信念和态度来自你的童年经历。天生的倾向性造就了你独特的理解方式和思考方式，而你的童年经历则蒙上了先天性的

理解方式和思考方式的色彩，哪怕是你的理性思考能力，也掺杂了生理成分。

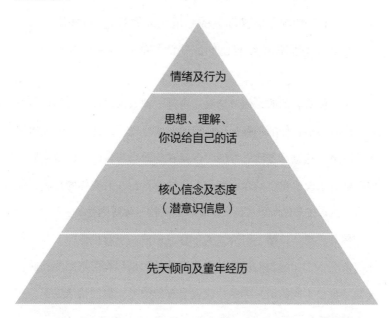

情绪及行为

思想、理解、
你说给自己的话

核心信念及态度
（潜意识信息）

先天倾向及童年经历

可想而知，你现在的情绪和行为都是建立在你的先天倾向及童年经历的基础上。你的先天倾向和童年经历使你形成独特的信念和态度，从而影响你对事件的感知。你的三观都带着你基本信念的滤镜，这些基本信念被称为核心信念。通常，你意识不到这些核心信念的存在，然而，它们一直影响着你针对大多数事物说给自己的话，而你向自己说的话则对你的情绪和行为负主要责任。现在我们该谈谈第五个基本事实了。

基本事实五
你对自己、他人和一切事物的看法都
带有你信念的滤镜

迄今为止，除非你做出行动去改变这一切，否则你童年采纳的信念仍然是你的决定、选择、认知、反应、情绪和行为的基础。其中某些信念把你带入虐爱的陷阱无法脱身，迫使你活得卑微却难以割舍。这些信念应对你的自虐负责，对你深重的苦难负责，对你离开伴侣后仍感不适负责，对你继续缺乏安全感、自我怀疑、过分渴求爱及认可负责，就是这些心理问题对你的人际关系和你的人生造成了危害。

尽管你对自己的情况有了新的认识并为改善境况而努力奋斗着，但这些信念仍然会导致你陷入痛苦不得脱身——不管你是留在恋爱关系中还是脱离这段关系。可以说，只有改变构成你情绪及行为基石的核心信念，你才能踏上解脱之路。

有些信念在形成的时候就具有存在的合理性，并且现在仍然是合理的；有些信念曾经有过存在的合理性，但现在已经过时了；有些则一开始就没有存在的必要。有些信念为你的人生添砖加瓦，有些信念则给你使绊子；有些信念有助于你的人生，有些信念则破坏你的人生。不管是什么信念，都在不知不觉中推动着你的人生。除非你采取以下行动，否则，你的信念随着时间年复一年地过去，会越来越强大。

- 聆听你对自己说的话（能引起你思考、感受和行动的话）。
- 充分了解造就你思维方式的信念和态度。
- 用成年后学到的新知识重新审核这些信念。
- 重新决定这些信念是否有存在的必要，是否有利于你的身心健康。
- 改变不合理及对你不利的信念。

你起码要做到这点：如果要彻底了断你的痛苦、迷茫、恐惧，不让自己的逃避心理失控，不让自己的人生失控，你必须改变过时的、没有存在必要的、有破坏性的、缺乏理性的核心信念。那你该如何改变坚守一生的信念，对造就及维持这些信念的程序发起挑战？你真的能做到吗？可以。你给自己编写程序，重新编程。更新头脑程序是你能学会的一项技能，上百万人都学会了编程的秘诀，你也不遑多让。

战胜情感操控的秘诀

无数女人被踢下爱情的神坛，迷茫地躺在地上，任人践踏，其中有人从跌倒的地方爬起来，继续她们的生活，但仍然对迷茫及痛苦难以释怀。如果你是她们中的一员，这就是你等来的秘诀，就是我们已讨论过的，能帮助你战胜语言暴力的秘诀，我们称之为"理性情绪行为疗法"（REBT）。这对更新头脑程序来说，是最快的、最有效的、最经久耐用的方法，能够管理你的情绪和生活，有可能使你对语言暴力及其他暴力形式不再伤心欲绝。REBT一目了然，看上去简单实用，是结束你内心纠结、虐爱博弈的秘密武器，是你内心及人生永久的和平制造者。

世界上有两种大受欢迎的治疗法，REBT就是其中一种，另一种则是与之密切相关的认知行为疗法（CBT）。这两种疗法主要利用思考和推理来帮助人们解决情感问题。这两种疗法受欢迎的理由很充分，它们都是深入浅出的、经得住时间考验并被证实有效的方法，帮助人们直面自身的问题并改变引导其生活的基本理念和基本哲学，正是这些理念和哲学构筑了他们惊恐不安的情绪和不良的习惯及行为。

〔理性情绪行为疗法和认知行为疗法的基本概念来源于我的（阿尔伯特·埃利斯）临床实践及著作。我是一名心理咨询医生、婚姻家庭咨询师、先驱性爱治疗师，以我的经验看，传统的治疗情感混乱的方法有待商榷。我观察到使用传统方法确实能让人对自身问题形成深刻见解，但不一定就学会了如何解决这些问题。我创建了REBT，直击问题的根源——发掘那些陈旧、不健康、非理性的信念，正是这些信念使得人们用痛苦的方式看待自己和世界。因此，要用新的、健康的、理性的信念作为对照组，暴露、质疑那些陈旧信念，与之辩论，最后取而代之，以此来减少负面、恶劣的情绪，并为REBT中实用解决方案的实施铺平道路。这个独特的治疗体系包括行为家庭作业，有利于帮助人们改正不良习惯及行为。]

REBT强调你对在你身上出现的坏情绪负有责任，承认你本人就具备相应的能力，即有能力对自己重新编程，有能力选择相对来说心满意足、没有困扰的人生。这个治疗体系把健康的不良情绪与非健康的不良情绪区分开，教你如何制造健康情绪，同时把非健康情绪减少到最小化的地步。

REBT坚持认为，逻辑思考是彻底改变情绪困扰的关键，因为很大一部分坏心情来源于不现实的、毫无逻辑性的、自我危害的思考。REBT会告诉你如何找到造成坏心情的思想，如何揭露及改变你的核心信念，也就是你传递给自己的"潜意识理念"，就是这些理念成了你的情感困扰的根源。

与其他治疗流派有所不同的是，REBT融合了多样化的技巧。REBT鼓励人们在学习及运用多种REBT认知（思考）、情绪（感受）和行为技巧的同时，使用各种体能方法，比如放松法、瑜伽法、运动疗法，帮助自己振作起来。

严酷的虐待可以在不知不觉中瓦解你的能力，你的自我意识，你的自我价值和你的情感、心理健康。REBT帮助你在情感、心理上强大起来，足以抵御这种虐待，大幅度地降低负面情绪的影响力；REBT可以帮助你在受到伴侣虐待时既能够不为所动，也不会雪上加霜地自虐；REBT可以帮助你做好直面你伴侣的准备，使之无法得逞；REBT可以帮助你摆脱分手带来的恐惧，并且，如果你愿意分手，这个疗法也能防止你进入另一段虐爱关系。不管你是去是留，REBT都有助于治愈你的痛苦，为幸福、健康、充实的生活打下基础。

在下一章里，你将了解如何使用REBT大幅度地减轻你情感上的痛苦，并调动你的内在能力来决定你的幸福程度及内心安宁的程度。

小结
REBT中前五个改变人生的基本事实

1. 你，只有你造就了你的情绪。

2. 你对人、事、情况的看法决定了你的现实世界。

3. 人、事、情况不会破坏你的心情，而你对它们的理解，关于它们你说给自己的那些话却能破坏你的心情。

4. 思想产生情绪，情绪引发行动。

5. 你对自己、他人和一切事物的看法都带有你信念的滤镜。

7

秘诀如何生效：
另一种思维方式

同居的伴侣不停地用污言秽语奚落你，有些人认识到这是因为她们伴侣的有心理问题，于是，她们对听来的话左耳进，右耳出，心里感到不舒服，但不妨碍她们继续过自己的日子。有些人听到同居的伴侣一声轻哂就如遭雷劈，让自己陷入无穷无尽的苦恼。这说明不是你的伴侣说了什么坏了你的心情，而是你的聆听方式和接受方式影响着你的心情。当然，他仍然推卸不掉言语刻薄、行为恶劣的责任，但你在很大程度上也要为自己的反应过度负责。

佩妮是接受REBT的患者。每次她的丈夫杰克批评她时，她都感到难受，她对这种状况已经厌倦了，她知道自己总是过于敏感，但她不知道如何克服。在治疗中，她发现杰克说她这不是、那不是的时候，她感到自己又变成了多年前那个感情脆弱的小女孩——小女孩挨爸妈的训时，对他们说的每个字都信以为真。

当杰克对她说难听的话时，她开始倾听她说给自己的话，吃惊的是，从她成年的嘴里吐出的话跟多年前那个小女孩说的话一样："你不懂。听我说……"她意识到，当杰克看她不顺眼时，她的反应似乎是她父母和杰克同时看她不顺眼，这对她来说是料想不到的启发，因为这就成了有四人觉得她不够好——她母亲、她父亲、她丈夫，还有她本人！佩妮发现陈旧的非理性信念仍在她的脑海里挥之不去，同时新的非理性信念掺杂其中，联手向她发难。她终于明白了为什么她的心境如此恶劣。

她的小女孩情结伴随她进入成年期，但她不再是一个小女孩，不必相信父母或她丈夫说她的那些坏话，也不必相信她说她自己的那些坏话。佩妮明白了，杰克对她恶语相加，不是因为她是某种碍了他的眼的人，也不是因为她的言行举止叫他心中不喜，而是杰克的旧伤库存导致他忍不住这样做。佩妮了解并使用这些信息和知识把自己武装起来后，开始用全新的眼光看待所发生的一切。

下一步就是她该如何把所了解的付诸行动。情感基本要点（情感ABC）给她指明正确的方向，告诉她必须关闭脑海里不健康、非理性的话语，用提升情绪的健康理性的思考取而代之。多年来，她的心灵一直容易受伤，不知怎么办才好，叫她难以相信的是，这一次她终于找到了解决方案。你也能通过了解情感的基本要点，以REBT的方式改变你的信念和理念，提升你的情绪。

就像ABC一样简单

在REBT里，引起情感反应的每一个步骤都可以用字母表里的字母标注，我们称之为情感ABC，或理性情绪行为疗法ABC，这都是REBT的基础。现在，我们把你已经了解的纳入REBT的术语库。

事情发生了，比如，你的伴侣责怪你，你做出反应，你满心戒备、生气、很受伤、愧疚。看上去似乎是遭受责怪造就了你的心情。然而，正如你所了解的，被责怪不是坏心情的原因，你在挨骂这件事上持有的态度及信念，还有你挨骂后说给自己的话才是导致你心情不好的原因。

情绪ABC如下：

- A（Activating event）：代表事件激活（事情发生了）。
- B（Beliefs and thoughts）：代表信念和思想（你关于事件说给自己的话）。
- C（Consequence）：代表情感及行为后果（听了你说给自己的话后你的感受及行动）。

可想而知，A不是C的原因，反而是B导致C的产生。你对事件做出何种情感、行为反应，决定权不在于事件本身，而在于你说给自己的话。如果你具有理性的信念和思想，你说给自己的话就是理性的，从而你的情感、行为也是恰如其分的、现实的、不扯后腿的。如果你具有非理性的信念和理念，你告知自己的就是非理性的，从而你的情感、行为也是不合时宜的，夸张的，于你本人有害的。

非理性信念都是难以证实的不合理的思想，理性信念则是明智的、逻辑性强的思想，能精准反映发生的事件。理性及非理性信念很容易混为一谈，因为，如果你不仔细观察，非理性信念就常常具有存在的合理性。仅仅相信某事是真的，是有逻辑性的，并不等于这件事就是真的，有逻辑性的。

情绪ABC流程示例：

● A（事件激活）你的伴侣责怪你。

● B（信念及思想）关于你的伴侣责怪你一事，你说给自己的话。

"他用这种方式找我的碴儿，不公平！"

"他对我这样尖酸刻薄，太可怕了！"

"他不该这样对我，我一分钟都忍受不了！"

"他说的也没错，我活该招他骂。"

"我又不知说什么好了，我真笨，一点用都没有。"

"我从来就不招人喜欢。"

● C（后果）情感的：满心戒备，气愤，受伤，羞耻，惭愧。行为的：哭泣，强迫症发作，动不动就发脾气。

让我们好好研读一下这个事例。你的伴侣在A处责怪你，如果你的想法接近在B处的想法，你恐怕会经历C处列举的非健康负面情绪，几乎任何说出这种话并相信这种话的人都不会有好心情。假如你常常遭到苛责，每一次挨骂的时候都说这种话给自己听，那么，你会感受更极端、更长久的负面情绪，如焦虑、抑郁、绝望还有认为自己一无是处。REBT的目标就是把你的非理性信念改变成理性信念，由此把极端负面情绪降低到可接纳的范围。

控制情绪和行为的方法是改正扰乱心神的、非理性的、不现实的思想，正是这种思想形成你的情绪、行为。你一旦有了理性思考能力，就不会被起伏不定的情绪耍得团团转。

你可以把现在的恶劣情绪减少10%～25%

正如我们在第6章讲到的，你的情感反应最终产生于你对事件的理解，你肯定没有意识到这个过程，因为这一切都是在电光石火间发生的。你可能多年来，甚至一生都在心神不安，情感上被人拿捏得死死的，这都是因为你认定你把握不了自己的情绪。医学博士小马克西·C.默茨比在理性疗法及其科学基础的领域是一位闻名遐迩、受人尊敬的先驱者，据他所言，超过25%的恶劣情绪来自这种众所周知的非理性信念。他的研究表明，仅仅了解情感ABC就能立刻、自动减少10%～25%的恶劣情绪。

怎么会呢？其实，人们一旦了解他们的恶劣情绪是自己催生的，他们就可以开始运用常识思考减轻痛苦的方法，就这么简单。

时常提醒自己回想刚刚了解到的情感ABC，你就能减少10%～25%的恶劣情绪。注意自己在不同境遇里的感受，倾听造成这些感受的自我对话，你会吃惊地发现，你竟然能轻而易举地改变你说给自己的话，让你的心情好起来。把"我一分钟都忍受不了"改为"他又来了，做混账事的家伙"，有助于你理性地，而不是感性地看待这种情况。你修改了说给自己的话后，就会注意到，无论你伴侣在发作中还是在发作后，你都不会那么心情沮丧、愤愤不平。担起责任，拒绝针对他的行为制造痛苦，你的生活质量就会有所提高。

余下的75%～90%的恶劣情绪该如何是好？

不错，你起了一个好头，现在让我们谈谈余下的75%～90%的恶劣情绪。这部分情绪被编写在过去的程序中，已形成惯性了，是包括REBT在内的心理治疗的主要关注对象。长久的纠正来自摆脱过去的非理性信念，用新的理性信念取而代之，REBT在这方面建树很高。

首先，你需要了解REBT技巧，以便改变你的非理性信念和思维方式。这不需要广博的心理学知识为基础，而是可以在短时间内掌握的。有一句古老格言可以体现REBT的哲学思想："授人以鱼不如授人以渔"。事实是，你去看一位REBT治疗师，对方会告诉你与这本书中相似的REBT准则及技巧，教会你如何自行运用，做到自足自给。

其次，你需要在REBT技巧的帮助下充分意识到什么是非理性思想并阻止它，鉴别出你的破坏性的非理性信念，彻底、永久地改换成建设性的理性信念。

因为每个人信念的坚挺性不同，学会运用所学知识的能力不同，所以每个人改变陈旧信念所要付出的时间和努力是不同的。然而，哪怕是最顽强、最不受控制的自我打击习惯也能得到及时纠正。只要你勤奋努力、孜孜不倦、意志坚定地练习、练习、练习这本书里的技巧，评估你的结果，再练习、练习、练习，那么，学会改善心情、学会应付裕如就可以成为一个不可撼动的流程。

听上去是不是要花太多工夫了？想想现在要熬过每一天就得花多少工夫吧。如果你把REBT技巧当工具一样运用得当，建立起全新的情感生活，那么，你很快就会发现情感痛苦减轻了，身心自由的时刻即将来临。

如何摆脱习惯性的负面思考

REBT认为，如果你想彻底永久地改变自己的惶恐不安，最重要的是运用你的思考能力和推理能力。把不真实、非逻辑性、自我危害的思想变为真实、逻辑性、自我升华的思想，你就能摆脱老习惯和老程序，正是这种习惯和程序把你禁锢在破坏性思维的桎梏里，继而把你禁锢在破坏性情感里。

在了解第六个REBT基本事实之前，让我们回顾一下你在之前的章节里了解的前五个基本事实。

1. 你，只有你造就了你的情绪。

2. 你对人、事、情况的看法决定了你的现实世界。

3. 人、事、情况不会破坏你的心情，而你对它们的理解，关于它们你说给自己的那些话却能破坏你的心情。

4. 思想产生情绪，情绪引发行动。

5. 你对自己、他人和一切事物的看法都带有你信念的滤镜。

以下是改变人生的第六个基本事实。

基本事实六
你一遍又一遍地向自己重复负面思想
来激活内心的伤痛

如果不是不停地在脑海里反复酝酿，情绪不可能保持长久，这一点尤其要牢记。当你停止极端负面的思想，用不那么极端的思想取而代之时，你的心情就不会那么消沉了。然而，可以依靠自身摆脱情感痛苦和破坏性行为模式，看上去似乎有些过于简单了，但越有价值的真理往往越简单明了。百般纠结的思想导致情感痛苦的产生，率直简单的思想可以结束情感痛苦，这就把我们带到了第七个基本事实。

基本事实七
你改变了操控情绪和行为的潜在信念及思维模式，
你就能改变你的情绪和行为

如何改变你潜在的非理性信念及多思多虑的思维模式？使用REBT技巧质疑、挑战你的非现实、非逻辑性、自我危害的思想理念。首先，跟这些思想理念（用字母D标注）对着干，然后用理性、建设性、明智的思想理念取而代之，这样就会产生建设性而不是破坏性的情感和行为。（这些新型的理性思想理念被称为高效新型哲学，用字母E标注。）现在，让我们回顾一下情感ABC，弄清楚这两个步骤是如何融入这个流程的。

- A代表事件激活（事情发生了）。
- B代表信念和思想（你关于事件说给自己的话）。
- C代表情感及行为后果（听了你说给自己的话后你的感受及行动）。
- D（Disputing）：代表与非理性信念和思想对着干。
- E（Effeetive New Philosophy）：代表高效新型哲学（减少

负面情绪及行动的理性的新型信念和思想）。

你已了解思想、情绪、行动都是相互依存的，也了解了REBT基本事实和情感ABC。记住你所学到的，并把所学知识用于日常生活，你会发现你不像过去那样情绪低落，或没有过去那样频繁出现的恶劣心境，即使有，也不会持久。

在下一章里，你将了解如何对抗习惯性的、自发的思考，避免产生痛苦情绪，避免在面对虐待时无能为力。通过不懈的努力和练习，在面对你伴侣的恶言恶行时，你定能得心应手地避开郁郁寡欢的生活。你将做得更好，可这还不够；你将恢复得更好，你的身心将少受荼毒，也不会那么轻易地遭受荼毒；你将控制你的情绪，面对你的伴侣时思路清晰、神情坚定；你将真正被赋予战胜语言暴力的能力——及战胜其他暴力形式的能力。

小结
改变人生的REBT基本事实

1. 你，只有你造就了你的情绪。

2. 你对人、事、情况的看法决定了你的现实世界。

3. 人、事、情况不会破坏你的心情，而你对它们的理解，关于它们你说给自己的那些话却能破坏你的心情。

4. 思想产生情绪，情绪引发行动。

5. 你对自己、他人和一切事物的看法都带有你信念的滤镜。

6. 你一遍又一遍地向自己重复负面思想来激活内心的伤痛。

7. 你改变了操控情绪和行为的潜在信念及思维模式，你就能改变你的情绪和行为。

第
三
部

日常生活中的亲密陷阱

8

绕过陷阱的第一步

你清楚你的伴侣的确有语言暴力倾向，这不是你想象出来的。可现在是你坐在司机的位置上，因为，你的痛苦与其说是他的行为造成的，不如说是你左思右想的结果。你的情绪掌握在你自己手里，这可是好消息。然而，如果这痛苦似乎没完没了，你又如何能过上好日子？你哪件事没做成，你的伴侣就不客气地给你指出来，若是没有，你的伴侣就凭空捏造出一件事来，如果真是如此呢？如果他把一切倒霉事都算在你头上呢？车没电了，是你的错；刮胡子划拉了一个口子，也是你的错。

埋怨无休无止，这种场景再熟悉不过。你的伴侣伤了你的心，拍拍屁股走人，或翻一个身，继续睡他的觉，而这时的你却感到被车碾过似的。就算他这个人已不在那儿了，可你还在继续郁闷着。

这种事就没个尽头了？除非你改变了导致你痛苦的自发性思维方式。当"坏"事降临时，你可以选择自己的情绪（正如数个世纪来哲学家反复指出的那样，存在主义哲学家在二十世纪尤其强调了这点）。你可以选择就当这种事压根儿没发生吗？不行，不太可能。因为，正如我们所说的，你有生理的、环境的和其他人为的局限性。然而，你仍然在某种程度上拥有真正的选择权，当你遭到恶劣的、不公正的待遇时，你可以选择健康的负面情绪或选择非健康的负面情绪，或者两者都选。

问题是身临其境时，你准备选择哪种情绪？能不能选择失望和遗憾，而非绝望、苦闷和抑郁？随着你对REBT基本事实的了解，随着你将很快点亮REBT技能，你完全可以在面对令人可憎、不公正境遇时选择做出真正的健康反应，而非不健康的反应。

你能选择遗憾、失望，而不是抑郁和愤懑，能让自己相信，你伴侣劈头盖脸的恶言恶语是很糟糕的（自然不好听），但只是糟糕而已，并不能毁天灭地。实际上，这些难听的话无理性，气势汹汹，居心叵测——但仍然只是糟糕，还不到无法忍受的地步；那种情景令人憎恶，让人不由得叹息自己不幸的生活，但只是令人遗憾、令人失望而已。

你如何让自己相信这一切？一开始，把被虐处境当作需要"思考"来解决的问题。请注意，你偶尔也能轻松地解决日常生活中的实际问题，解决与你的虐爱无关的情感问题并帮助他人解决问题。你能解决问题是因为你天生就是建设者，你具有思考能力，能对你的思考进行反思，甚至在反思的基础上再反思，这就是你的生存之道，就是你在日常生活中趋利避害的本事。

可是，当你处在虐爱关系中时，你可能会不知所措，无法接通这种天生本领。现在该改变这个模式了，其关键在于当你的施虐伴侣开始耍这套滑稽动作时，你认识到你是你，他是他，千万别忘了这点。你可以学着不理会他的话、他的动作、他的情绪，每一次他翻脸时，你都没必要自咽苦果。

健康负面情绪与非健康负面情绪的区别

大多数受虐伴侣不自觉地选择非健康负面情绪，如苦闷、焦虑、抑郁、愤懑、自厌和顾影自怜。这些都是具有破坏性、自我危害性的情绪，造成自我怀疑、优柔寡断，迫使你真想脱离却无法脱离这种关系。你趋利避害的能力陷入瘫痪，你对一个又一个的问题应接不暇。

健康的负面情绪如伤感、遗憾、失望、挫败、恼火是较好的选择。这些都是建设性的，有益于人的情感，能使你沉着冷静、思路清晰，更容易有效处理发生在你身上的坏事，改善你能处理的事。遇上你不能处理的，你也能在应付过程中把恶劣情绪降到最低。你能够学会拥有这些健康的负面情绪，而非不健康的负面情绪。这样的话，你就只会对来自对方的恶意感到遗憾和挫败——尽管是非常遗憾和大感挫败。

一旦达到这种健康的负面状态，你就可以明智地选择是留下来忍受你的伴侣，还是离开或一脚把他踢开。虽然像悲伤、失望和挫败这样的情绪仍然是负面消极的，而非正面积极的，但还是属于健康范畴，因为它们恰如其分，不走极端，它们是建立在理性感知上的，其目的是在你危险的时候向你示警，督促你为自身安全采取行动。这些情绪不会像非健康情绪那样禁锢你。现在思考片刻，你愿意带上哪一类情绪度过余生？

我们不主张理性情绪行为疗法（REBT）能使你在被虐的时候感到快乐，也不主张你把痛苦当作乐趣并以此作为REBT的目标，即使有可能达到这种效果，但也违背了人伦道义，其结果可能会适得其反。然而，掌握了REBT的知识，即使在被虐的时候，你也能自己找乐子，过自己的快乐生活。你的应对能力实质性地大大增强，你的痛苦就会大大减少，仅仅因为你的伴侣背负一大包垃圾并不意味着你必须替他扛着走。

因此，你该如何让自己利用REBT产生健康的负面情绪，而非不健康的情绪？我们可以用情感ABC来探讨。

用强烈要求、必须和绝对来考虑问题，非健康负面情绪油然而生

●A（事件激活）你遭到伴侣的言语侮辱。

●B（关于A的信念和思想）

"我的男友必须停止虐待我！"

"他绝不可以这样对我！太残忍了，太不公平了！"

"我怎么就落入了这样想都不敢想的恐怖的境地，我太傻了。"

●C（A加B的后果）非健康负面情绪，如苦闷、焦虑、抑郁、愤懑、自厌和顾影自怜。

更愿意、更喜欢哪一种（偏好）的、中庸的思维方式：产生健康的负面情绪

●A（事件激活）你遭到伴侣的言语侮辱。

●B（关于A的信念和思想）

"我非常不喜欢被呼来喝去，我希望他不要这样。"

"他要是对我再好一点，我不知有多开心。"

"这是不公平的，但生活中不公平的事多了去。"

"我要是不落入这种境地，我的日子会好过多了。不过，人总有犯错的时候。"

●C（A加B的后果）健康的负面情绪，如伤感、遗憾、失望、挫败和恼火。

把两个例子里的B处进行比较。请注意，当你遭到语言暴力时说给自己听的，话里话外都是强烈要求、必须、绝对，那么，在示例1的C处，油然而生的也都是非健康负面情绪，这些情绪极端偏执且非常令人痛苦。再注意一下当你说给自己的是更愿意、更喜欢哪一种（偏好）的、中庸的思维方式，在示例2的C处产生的就是健康的负面情绪。这些健康的负面情绪虽仍然叫人不痛快，但没那么伤人。

你是否注意到，示例1中你告知自己的话是如何在你心中掀起惊涛骇浪的？你是否注意到，那些酝酿情绪的思想会叫任何一个受虐者备受打击？当然，不健康的情绪产生不健康的行为。

"更愿意、更喜欢哪一种（偏好）"是自我救助
"强烈要求"是自我危害

根据REBT，健康情绪实现你的目标，满足你的心愿，符合你的价值观，如果不是这样，就谈不上是健康的情绪。假设你的主要目标是活下来，快乐地活着——特别是在感情生活中，那么，相比于"强烈要求"，"更愿意、更喜欢"更能完成目标。

当你强烈要求时，你就把自己逼入了死角。强烈要求等于一锤定音，毫无讨价还价的余地；强烈要求意味着你要怎样就必须怎样，没有回旋的可能；强烈要求给你安上的人设是宇宙之王："我绝对、肯定不应该遭到恶语相向！给我必须、立刻停止！"当强烈要求受阻或遭到挫折时，其结果就是非健康情绪如苦闷、愤懑喷薄而出。

更愿意、更喜欢哪一种即使具有强烈的倾向性，也不会把你逼入死角。偏好不是绝对的，也不会给你安上宇宙之王的人设。当偏好受阻或遭到挫折时，产生的是健康的负面情绪，如失望、恼火，留有让你应对的余地。偏好允许你去索求，想办法去索求，在没有得到之前也不至于憋闷得透不过气来。

强烈要求等于你要怎样就必须怎样，没有"但是"可以转圜，偏好则是不管你想要什么你都要——但是，你认识到是怎么样还是怎么样，你给自己留下了可操作的余地："我不喜欢被男友辱骂，但是，我可以随他骂而不为所动；但是，我可能阻止不了他；但是，我可以随时跟他分手；但是，我又没少块肉；但是，尽管如此，我还是能让自己快乐起来。"

必须、强烈要求、绝对都是不健康的、非理性的，因为这些言语——

- ●坚持认为你的伴侣和这个世界呈现出来的都不是本来面目。
- ●挑起你伴侣的怒火，使他虐你更狠。
- ●扰乱你的心情，让你无法思考并运用得当的战术去处理受虐情况。
- ●翻江倒海地折腾你，剥夺你的人生乐趣。

关于你遭到语言暴力一事，你的非理性信念阻止不了这种暴力，还有可能让你的行为招致更多的虐待。令人感到讽刺的——也是令人感叹唏嘘的是——这种信念还在你伴侣的虐待上添加了你的自虐，现在是同时有两人向你施暴！不得不说这是一个悲哀的事实。

让我们假设一下，你无论如何都不肯离开你的男友。然而，仅仅因为你想留下来，并不意味着你就该在男友的言语打击下继续在痛苦中徘徊，你也的确希望能够对他和他的语言暴力应付裕如。REBT帮助你实现这两个强烈愿望，保你安全无虞。

如上所述，你通常无法阻止你伴侣的虐待，但是，如果你使用REBT，你几乎总能停止自虐。你再一次又有了选择，你可以选择希望你的伴侣停止虐待，或者选择命令他停止。你的理性的希望未得到满足，会让你产生健康的负面情绪，如遗憾及失望，也会让你找到更好的处理这种暴力的法子。而你的非理性的强烈要求一旦得不到满足，就会让你产生非健康负面情绪，如苦闷和愤懑，让你费尽心力却仍然徒劳无功。

因此，你选择理性的偏好（更愿意、更喜欢哪一种），而不是选择非理性的强烈要求，这是好事。但确切地说，你要如何做到这点？在这本书里，你能学到许多具体的方法，我们先从非常重要的方法开始——对抗你的非理性信念。

为什么必须对抗？因为，仅仅对自己说这种话毫无用处——"哦，既然必须、强烈要求给我带来不少麻烦，我就干脆改成更喜欢哪一种吧。"你的强烈要求，你的必须，不管是学来的还是自个儿发明的，对你来说都是自然而然形成的，多年来你都是这么思考问题的。既然你仍然无比信任它们，放弃就不是一件容易事儿，老习惯难以戒掉。如果你想拥有好心情，你就不得不说服自己不惜代价地、真正彻底地摆脱这种思维模式。这就意味着学会对抗。

如何对抗危害自我的、非理性的信念

情感痛苦和应对无能的主要原因是在面临某一个情况时，你的思想反映的是你相信的那部分真相，而不是客观存在的事实。凡是理性的信念，都应该经得起验证。当你学着对抗非理性思想和信念时，把自己想象成一名侦探，尽量找到铁证支持你说给自己的话，这会对你很有帮助。如果无法证明，也可以说服自己最终接受这一事实：你因证据不全而无法"立案"。

另一个办法就是把自己想象成一名科学家，寻求可证实的证据，证明你的理论、你的信念是事实，你的逻辑可以成立。这个流程也能帮助你审核和修改你过去的信念，使之为你所用，而不是与你作对。你一旦开始质疑你信念的真实性和逻辑性，挑战捍卫你信念所带来的结果就变得十分重要。

那么，如何对抗？很简单，只要与你"脑袋里的声音"辩论即可。这个声音发出非理性言论，这些言论造成你极端的非健康负面情绪。向自己提问来质疑自己的非理性思想和信念，继而用提问来辨识这些思想和信念是否明智，最后用理性的思想和信念取代非理性的，这就是REBT教给你的对抗术。

我们来看看这个流程是如何在苏珊身上运作的。一天，她的丈夫吉姆又像往常一样说了一堆令人发疯的话后，上班去了。苏珊情绪低落到什么事都无心做下去。随后，她注意到她越来越苦闷，越

来越愤怒，而对她施虐的丈夫甚至都不在跟前。她想起自己在REBT
中学到的：她的思想造就了她的情绪。她关注了一下脑海里的想
法，听到自己说："吉姆必须停止辱骂我！"她意识到是她咄咄逼
人的必须，而不是她的丈夫，应对她的非健康负面情绪负责。

苏珊知道为了让自己心情好起来，下一步就该对抗她的非理性
信念，即吉姆必须停止虐待她。于是，她自问："他为什么必须停
止？在哪儿明文规定他必须停止？有宇宙法则勒令他绝对必须停止
吗？"接着，她开始回答自己的问题："虽然我真希望他别这样，
但显然没有理由让他必须停止。到处都没有明文规定他必须停止，
要他停止的念头只存在于我的大脑里。仅仅因为我想要他停下来，
或仅仅因为这样做不对，就会有一条宇宙法则勒令他停止做这件事
或其他事，这可能吗？！"

她一旦拿不出任何证据证明她说给自己的话是真实的，她就开
始走向下一步。苏珊思忖：如果她不停地说吉姆必须停止虐待她，
她会得到什么？她问了自己两个重要问题："告知自己吉姆必须停
止虐待我后，我得到了什么？""说给自己这样的话后，我的心情
好起来了吗？"她立刻就知道了答案："我一无所获，心情也不见
得好起来，因为这样的想法已经持续很长时间了，既没有让吉姆停
止他对我施虐，也没有让我的情绪好转。事实上，整天把这样的话
说给自己听，我的心情越来越糟糕。"

苏珊得出这样的结论：因为我现在认识到说给自己的话并不
真实，满足不了我想要的，反而极端败坏我的心情，我不能再这样

说话了。相反，我开始告知自己："我更愿意吉姆停止用言语侮辱我，但如果他做不到，也不至于世界末日到了。"

苏珊意识到，选择更愿意、更喜欢哪一种（偏好），而不是强烈要求，给了她转圜余地，她知道她仍然不喜欢吉姆的语言暴力，但这不会让她少块肉。即使面临这种处境，她还是能选择过快乐日子，她还是可以随时跟他分手的。这成了苏珊的哲学，她的情绪开始好转，她知道下一次吉姆又来这一套时，她不会像从前那样心情恶劣。

当苏珊回想她使用过的REBT对抗术时，她吃惊地发现自己完全能够——

●意识到自己心情不好。

●记起自己恶劣的心情来自自己的思虑。

●注意到自己在想什么。

●用问题挑战自我对话的真实性。

●得出结论，她的思考缺乏真实性，无凭无据，不能让吉姆停止施虐，反而使自己陷入极端恶劣的心境中。

●选择放下她的非理性的强烈要求，用新型的理性的偏好取而代之。

●把新型的理性偏好转换成高效新型哲学，以此来减轻她的痛苦，改善她的生活。

你可以学一学苏珊的做法，教会自己识别哪种想法给你带来坏情绪，可以使用对抗性问题审核你的自我对话，帮助你决定继续这样说是否有意义。你能学会回答改变你思想的问题，回答让你心情好起来的问题。那么，我们就开始吧。

使用对抗性问题的简单步骤

在理性情绪行为疗法中，有三大类别的对抗性问题，每一种类别都从不同角度抨击非理性思想及信念：

#1：质疑这个信念的真实性和逻辑性。

#2：寻求证明信念真实性的证据。

#3：询问如果你继续抓住陈旧的非理性信念不放，你会得到什么结果。

要想质疑思想或信念的真实性及逻辑性（类别一），你要问自己：这是真的吗？我怎么知道？这符合逻辑吗？为什么？后续是什么？

要想寻求证明思想或信念真实的证据（类别二），你要问自己：如何证明？证据呢？有明文规定吗？有哪一条宇宙法则明令禁止这种行为？

要想质疑如果你继续抓住陈旧的非理性思想或信念不放，你会得到什么结果（类别三），你要问自己：如果我继续相信这一切，我会得到什么结果？这个结果能让我得偿所愿吗？能让我随心而动吗？

前两种类别的对抗问题往往相互重叠，不必关注哪一个具体问题属于哪一个类别。当你在做对抗题时，只需问问哪个问题符合你正在对抗的非理性信念和思想。

问过来自类别一或类别二或同时两个类别的问题后，总要问问类别三的问题：如果我继续抓住我陈旧的非理性信念不放，我会得到什么结果？

对这些问题的回答将引导你得出这样的结论，即明智之举就是放弃你陈旧的非理性思维模式，用新的视角看问题。正如我们前面所说的，这种看问题的新视角在理性情绪行为疗法里被称为高效新型哲学。

用对抗建立高效新型哲学

记住，对抗你的非理性信念和思想（情感ABC的D处，088页）的目的是形成一种高效新型哲学（E处），把你的非健康负面情绪转换成健康负面情绪。

把以下事例多读几遍，你的头脑就能受到新型思维模式的训练。请注意，当我们就前两类对抗问题提问时，问题是五花八门的，然而，当我们谈到结果时，问题、回答、结论都是同一说辞，为什么？因为非理性思想一般产生相似的不良结果。当你做自己的对抗题时，你可以使用不同的说辞。

一旦开始仔细研究以下事例及下一章里的事例，你就会发现，就像苏珊一样，你对自己的非理性信念提问并迅速回答都很容易，但以书面形式呈现这一切，似乎就有些复杂。然而，你一旦弄懂了其中的道理，做起来就可以迅速便捷，甚至还能享受到乐趣。

（陈旧的）非理性信念："我的伴侣绝对必须停止虐待我！"

对抗（类别一或类别二或这两个类别）："为什么必须是他？""哪儿明文规定了？""哪儿有宇宙法则明令他必须停止？"

回答（高效新型哲学）："如果他真的不再施虐了，我会更开心一些，但显然他没有必须停下来的理由。他必须停下来这个看法除了出现在我的脑海里之外，并没有明文规定，也没有什么宇宙法则明令禁止这点。显然，他只是没有遵守社会伦理规则而已。"

对抗（类别三）："如果我继续抓住我的非理性的陈旧信念不放，我会得到什么结果？""这个想法让我得到了我想要的吗？""这个想法有助于我随心而动吗？"

回答（高效新型哲学）："继续抓住我的非理性的陈旧信念不放，改变不了我的伴侣，也无法让他停止虐待我。何况，这也不能改变我自己，或帮助我停止虐待我自己，这只会带来更多的挫败、愤怒和痛苦，而我只是在进行一场我赢不了的内战，根本得不到自己想要的，根本达不到随心而动的境地。"

结论："现在我看到了我的非理性的陈旧信念不真实，缺乏逻辑性，不可能帮我得到我想要的，并且对我来说还是破坏性的。我将放弃这种信念，用理性的新型信念取而代之。"

（新型的）理性信念："虽说我非常讨厌伴侣的言语侮辱，更愿意他别再这样了，但如果他停不下来，也不是说世界末日就到了。"

注意，每一次你成功地对抗了你的非理性的陈旧信念后，你得到的结论是放弃这种信念，因为这种信念不真实，缺乏逻辑性，无凭无据，既不能让你得到你想要的，也不能让你随心而动。于是，你用代表偏好的理性的新型信念取而代之，而不是使用必须、应该、强烈要求。我们在下面的事例中可见一斑。

（陈旧的）非理性信念："他不可以这样对我！"

对抗（类别一或类别二或同时这两种类别）："这是真的吗？""这符合逻辑吗？"

回答（高效新型哲学）："不，他显然就是这样对待我的，而我还不停地跟自己说他不可以这样对待我，这不符合逻辑。我最好面对这个事实——即使他的行为难以让人接受，即使他违背了社会伦理规则，他还是如此行事。但这并不意味着我就要为之痛苦，我始终可以选择离开他。"

对抗（类别三）："如果我继续抓住我的非理性的陈旧信念不放，会是什么结果？""这种想法让我得到了想要的吗？""这种想法有助于我随心而动吗？"

回答（高效新型哲学）："抓住我的非理性的陈旧信念不放，不能改变我的伴侣，也不能让他停止虐待我。何况，这也不能改变我自己，或帮助我停止虐待自己，这只会带来更多的挫败、愤怒和痛苦。而我只是在进行一场我赢不了的内战，根本得不到我想要的，根本达不到随心而动的境地。"

结论："现在我看到了我过去的非理性信念不真实，缺乏逻辑性，不可能帮助我得到我想要的，并且极具破坏性，我将放弃这种信念，用理性的新型信念取而代之。"

（新型的）理性信念："我的伴侣待我不好。如果他能待我好一些，我会更高兴，但我没必要因为他的针对而痛苦不堪。"

如何避免无效对抗

对抗你的非理性信念，用高效新型哲学取而代之是不是一直有用？几乎一直有用，但你需要小心避开陷阱。

常见的错误是用你想要的、你的感受、你的观点来证明你的非理性信念有存在的合理性。

非理性信念："我的伴侣绝对必须停止对我进行语言攻击！"

对抗："他为什么必须停止？"

错误的回答："因为我不想让这种事再发生了。""因为我讨厌这种事。""因为他错了。"

正确的回答（高效新型哲学）："显然他没有理由必须停止，虽说我更愿意他别再这样做了。"

另一个常见错误是，做到了恰如其分地对抗你的非理性信念并得到了正确的答案，但仍然不能真正相信和感受其中的意义。比如，你可以问自己"为什么我的施虐者必须停止虐待我？"正确的答案是"显然他没有必须停止的理由——因为他不会停止的，太糟糕了！但事情往往就是这样"。可是，你对这种自问自答本来就半信半疑，即使你回答正确，但在这个正确答案下，你深信不疑的却是"我才不管呢！他就是做错了，他就是必须停止！"。

这种事若是发生的话，完全不必担心。你正在学习新的思维模式和新的言语表达模式，要让你的感悟跟上你理性输入的步伐是需要时间的。耐心一点，不断说服自己相信这个理性的、富含逻辑的事实，不断挑战和提问，最终真理会点点滴滴渗入你的心灵。下面几章将助你学到REBT的情感、行为方法，帮助你加快心领神会的过程。别忘了，成千上万跟你一样的人都学会了高效对抗。

情绪开始低落时该怎么办？

正如我们所说的，在停止做任何事之前，你首先应该意识到你正在做什么。接着，你应该了解你是如何做的。然后，你才应该停止做下去。正如你在上一章里所看到的，有时候，仅仅知道你被自己的想法弄得心烦意乱，就已足够让你停下来了；有时候，你心中需要用具体的步骤来叫停。以下是你在这一章里了解到的一系列步骤：

1. 意识到自己情绪低落。

2. 提醒自己，情绪低落来源于你说给自己的话。

3. 倾听说给自己的话。

4.提醒自己，要想缓解沮丧的心情，你需要把说给自己的、极端的、自我伤害的话改变成较为温和中庸的、自助性的话。

5. 使用对抗术质疑你说给自己的话，问这样的问题：是真实的吗？符合逻辑吗？为什么？如何证明？如果我继续相信这套说辞，我会有什么结果？

6. 认识到你说给自己的话无法证实，缺乏逻辑性，起不了作用，反而给你造成了巨大的情感痛苦。

7. 把你极端的、自我伤害的话语改变成较为温和中庸的、自助性的话语。

你将逐渐熟悉这些步骤，逐渐得心应手地使用它们，但这个过程是需要时间的。一开始，你多半意识不到你用非理性思考败坏了自己的心情，直到你已经这样做了之后。不过，你很快会意识到若你仍在进行非理性思考，你的心境会越来越恶劣。接着，你意识到只要你开始进行非理性思考，你的心情就开始变坏，所以，你完全能够在心情变坏之前停止这种思考。最终的结果是，从一开始就进行较为理性的思考可以成为你的第二天性。

你刚才学会的对抗术也适用于其他许多破坏性思维模式。在第9章里，我们会讲述其他的思考习惯，用事例教你如何停止这类思考习惯。

9

转化情绪背后的思维方式

现在，你已知你陈旧的思维模式不能改善你的处境、让你的伴侣理解你，或免除你的痛苦，你也看到了对抗术教会你新的思维模式，并给你带来了不同的体验。

我们重温一下当你对抗时会发生什么事。你从陈旧的非理性信念开始反复琢磨，然后用新型的理性信念取而代之，这是一种良好清晰的、非感性的直线思维模式。现在，我们用上一章里你对抗过的陈旧的非理性信念做对照组，来看看什么是你新型的理性的直线思维模式。

新型的理性的直线思维模式

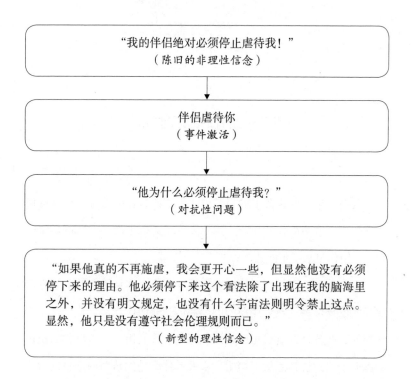

"我的伴侣绝对必须停止虐待我！"
（陈旧的非理性信念）

伴侣虐待你
（事件激活）

"他为什么必须停止虐待我？"
（对抗性问题）

"如果他真的不再施虐，我会更开心一些，但显然他没有必须停下来的理由。他必须停下来这个看法除了出现在我的脑海里之外，并没有明文规定，也没有什么宇宙法则明令禁止这点。显然，他只是没有遵守社会伦理规则而已。"
（新型的理性信念）

给你制造麻烦的陈旧的思维模式则完全不同，那是一种混乱不堪的、循环往复的感性思考。当你使用这种思维模式时，你会从陈旧的非理性信念开始思考，仔细琢磨，思来想去，最终还是会回到思考的起点，即陈旧的非理性信念。你这么做的唯一成果是造成自己心情低落，然后就是进一步造成自己的心情更加低落。用我们讨论的陈旧的非理性信念来看看这个环状思维模式是何等模样。

陈旧的非理性的环状思维模式

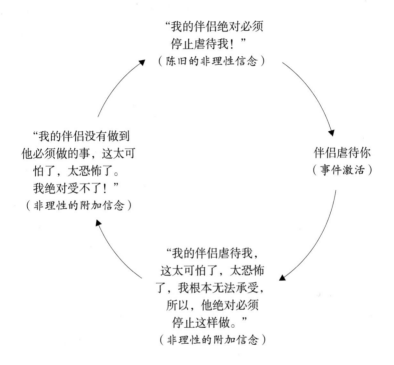

"我的伴侣绝对必须
停止虐待我！"
（陈旧的非理性信念）

伴侣虐待你
（事件激活）

"我的伴侣虐待我，
这太可怕了，太恐怖
了，我根本无法承受，
所以，他绝对必须
停止这样做。"
（非理性的附加信念）

"我的伴侣没有做到
他必须做的事，这太可
怕了，太恐怖了。
我绝对受不了！"
（非理性的附加信念）

你能看到，环状思维模式从破坏性的非理性信念起始，也就是从必须、应该或强烈要求起始："我的伴侣绝对必须停止虐待我！"

接着，当你武断的"必须"没被人当回事儿时，你跨入下一步，即你的非理性信念产出附加信念："我的伴侣没做到他必须做的事，这太可怕了，这太恐怖了。我绝对受不了！"

这些附加信念"证明了"你原先的武断的"必须"是真实的，

于是，更武断的强烈要求滋生出来。还未质疑这些信念正确与否，你就直接得出结论："我的伴侣虐待我，这太可怕了，太恐怖了，我根本无法承受，所以，他绝对必须停止这样做！"

你会注意到，这些非理性的附加信念又引导你的思维回到原先的非理性信念"我的伴侣绝对必须停止虐待我！"。环状思维模式就这样自动地循环往复，不断强化你的非理性信念，即"可怕"、"恐怖"、武断的"必须"、"我绝对受不了"之类。你由此而变得越来越一意孤行，非理性信念也越来越难以撼动。这些思想在你的脑海里不断萦绕盘旋，煽动你的情绪——败坏你的心情，迫使你一直处在恶劣的心境中。

要想心情好转，你需要从最初自动的、非理性的、制造痛苦的思想转向新型理性的、减轻痛苦的思想，这正是对抗术要达到的目的。

如何把你陈旧的非理性的环状思维模式
转成新型的理性的直线思维模式

让我们仔细地回顾一下我们非理性环状思维事例里的两个附加信念，以此了解如何通过积极主动地对抗这些信念来把它们改变成新型的理性的直线思维模式。

以下一些素材可能给人一种错觉，我们似乎没把你受虐情况的严重性当回事，我们可以保证绝无此意。你越对自己说这种虐待有多可怖，你的心情就越糟糕；你话里话外越淡化这种恐怖性，你的心情就越好。为了达到舒心的目的，你需要学会在相当长的一段时间里避免情绪产生巨大波动，用新型的理性眼光来审视自己的情况。所以说，对所发生的事要保持开放的态度，尽量采用新的视角看问题。如果你继续过分感情用事地看待你的受虐情况，其结果就是产生极端的负面思想，使你在痛苦中难以纾解。

可怕化和恐怖化

正如你所知道的，有些措辞极具煽动性，能产生强烈的负面情绪，可怕、恐怖之类的词尤其如此。这些用词几乎都是失真的、夸张的，其本身没有毛病，但背后隐藏的态度很成问题。你一旦给事情贴上可怕、恐怖的标签，它们就变得比词语本身要坏得多。

如果你告知自己，被言语攻击的感觉非常不好，你没错，因为这种情况违背了你的主要生活目标：想有一个待你如珍似宝的爱侣。但如果你告知自己这件事可怕、恐怖，你就在暗示这比不好更严重，这种事不应该发生，绝对不允许发生。可怕化的信念听上去准确无误，很容易让你深信不疑，然而，有两个主要理由说明坚信这种信念是错误的：首先，这些信念未得到过证实；其次，它们给你带来了难以解脱的痛苦。

不管言语侮辱给你带来多大痛苦，重要的是你仍然不能用可怕、恐怖来描述，把这种事说成可怕的、恐怖的，等于把一件坏事升级为重大灾难。你仔细想一想，就会发现，有比语言暴力更坏的事。当你自言自语时用可怕、恐怖来描述自己遭受的虐待，你就制造了更负面的情绪，让自己情绪更低落。于是，你可能不做他想，只会专注于自己的痛苦，以至于处理不了所发生的事，也想不出解决的办法。你可以对抗这些夸大其词的话语和概念，把它们转变为以下说法：

（陈旧的）非理性信念："这太可怕了，太恐怖了，我的伴侣不去做他必须做的事——停止虐待我。"

对抗："他不去做他必须做的事，这件事的可怕性和恐怖性能得到证实吗？"

回答（高效新型哲学）："没有一处地方可证实这件事的可怕性和恐怖性，仅仅因为我认为它很可怕，并不意味着这件事就是真实的。如果我说这很可怕、很恐怖，我就是在暗示这比糟糕更严重，不应该、不被允许发生，但这件事却正在进行中。说这件事可怕、恐怖，只会挑起我的负面情绪，使事情变得比它本身更恶劣。"

不管被虐如何造就了我的坏心情，我认识并接受这点：这仍然不是可怕的、恐怖的。把事情说成是可怕、恐怖的，就等于把一件非常不好的事升级为重大灾难。当我这样做时，我的注意力全在我的痛苦上，以至于无法应对正在发生的事，或想不出应对之法。虽说我更愿意我的伴侣停止虐待我，但我敢于面对这个事实，事情该怎么样，还是会怎么样，我即使强烈要求改变，也无济于事。不给任何事打上可怕、恐怖的标签，我就能更好地处理发生的事。

对抗："如果我抓住我的陈旧的非理性信念不放，会是什么结果？""这种信念能让我得偿所愿吗？""能助我随心而动吗？"

回答（高效新型哲学）："抓住我的陈旧的非理性信仰不放，不会改变我的伴侣及也不会让他停止对我的虐待，也不会改变我自己或帮助我停止虐待自己。这只会给我带来更多的挫败、愤怒和痛苦，迫使我进行一场赢不了的内战，既不能让我得偿所愿，也不能让我随心而动。"

结论："我现在知道了我的陈旧的非理性信念不真实，缺乏逻辑性，不仅不会让我得偿所愿，而且对我只有破坏性的作用，所以，我将放手，用新型的理性信念取而代之。"

（新型的）理性信念："虽说我的伴侣虐待我是非常不好的事，我更愿意不会发生这种事，但我也不必自寻烦恼，说什么这太可怕了，这太恐怖了，把事情转变为一场重大灾难。"

在你给语言暴力打上太可怕、太恐怖的标签后，如果你采用了这种REBT对抗术，那么，你就可以不把你的受虐情况想得极端化，不会整日郁郁寡欢。受虐不再是你关注和感受的重点。你仍然会认为被虐待的感觉很不好，但不再为此心灰意冷、沮丧抑郁，处理起来也更加顺手。

我忍受不了这种待遇

你会像其他许多人一样，坚信来自伴侣的言语侮辱绝对不应该发生，绝对不允许发生，因此，你忍受不了这种待遇——根本容忍不了。这几乎总是脱离实际的自我对话，因为，如果你真的受不了，真的容忍不了，那时你会情愿一死了之。或者，哪怕你真的没死成，你这一生也再无喜乐幸福可言。你可以用以下办法对抗这些夸大其词的说法。

（陈旧的）非理性信念："因为我的伴侣绝对必须停止虐待我，所以，他仍然这样做时，我忍受不了。只要他一直这样不善待我，我的生活就再无幸福可言。"

对抗："我一直十分厌恶遭到伴侣的言语攻击，但为什么我忍受不了？""我会因为这而死亡吗？"

回答（高效新型哲学）："不会，我肯定能忍受，因为我不会就此而死亡，除非我一直耿耿于怀，抑郁成疾，病死或病到自杀的地步。这都是我可以避免的。"

对抗："我伴侣的语言暴力令人嫌恶，毫无道理。""但如果他不停止这番虐待我，难道我就真的没有一点生活乐趣了吗？"

回答（高效新型哲学）："一定会有的，我不是要么全有，要么一无所有。如果我不顾他的虐待，仍然想跟他在一起，比起他不施虐的情况下拥有的乐趣，我得到的乐趣势必要少一些，但也不是一点没有。如果我把注意力从被虐转移到他处，转移到如何让自己过得更舒坦、更有乐趣，我肯定能找到办法——可以跟其他人在一起，可以培养新的兴趣，甚至有时候也可以同伴侣一起创造和分享乐趣。一生悲苦并不是命中注定的。"

对抗："如果我抓住我的陈旧的非理性信念不放，会是什么结果？""这种信念能让我得偿所愿吗？""能助我随心而动吗？"

回答（高效新型哲学）："抓住我的陈旧的非理性信念不放，并不能改变我的伴侣或迫使他停止虐待我，也不能改变我自己或帮我停止虐待自己。这只会给我带来更多的挫败、愤怒和痛苦，迫使我进行一场赢不了的的内战，既不能让我得偿所愿，也不能让我随心而动。"

结论："我现在知道了我的陈旧的非理性信念不真实，缺乏逻辑性，不仅不会让我得偿所愿，而且对我只有具有破坏性的作用，因此，我将放手，用新型的理性信念取而代之。"

（新型的）理性信念：这一次你自己想办法建立一种新型的理性信念。记住一点，新型的信念一般来说是对陈旧的非理性信念进行重组，使用的是健康的、自助性的偏好（更愿意、更喜欢），而不是非健康的、自我伤害的必须、应该或强烈要求。新型的理性信念反映了你通过对抗术学到的理性事实。（需要帮助的话，阅读这一章里的前面几个事例和第8章里的事例。）

战胜其他令你发狂的思维模式

正如你所知道的，你施虐男友的行为是什么样儿还会是什么样儿，你本身的非理性思维才是在大多数情况下导致你痛苦的罪魁祸首。我们谈到的自动循环思维模式就是一种带给你麻烦的非理性思维，而其他扭曲的思维模式也能使你的心情变得极其恶劣，失去控制。

［在利用某些范畴的扭曲思维模式方面，我（阿尔伯特·埃利斯）属于头一批专家。我本人独创了许多模式，在我的众多有关REBT的论文及书中进行了阐述。阿伦·贝克、唐纳德·梅切鲍姆、大卫·伯恩斯等其他在认知行为疗法方面的权威也补充添加了许多范畴。这些思维模式现在已广为人知，得以广泛使用。］

你一旦能够把自己的非理性思维归入一种或多种范畴里，这种分门别类的做法就能帮助你更好地处理你的非理性思维。我们来看看常见的非理性思维模式和针对这些思维模式的快速有力的对抗，这种对抗能使你避开破坏性思维。

强迫症

你有多少次发现自己在想着最近发生的虐待事件，一个词儿一个词儿地在脑海里回放，分析来分析去，想弄明白到底发生了什么，你在这里面究竟起了多大作用。每一次想到这些，那些话语就在你的大脑里打着旋儿，一次又一次，你想知道它们究竟代表何种意义。要是你真明白就好了，要是你能让你的男友明白就好了，要是你能让你的男友别这么待你就好了。

随着时间的流逝，你纠结于每一起受虐事件，每一个新冒出来的矛盾，精神上早已疲惫不堪。常常不管在哪儿，不管身边发生了什么，你只感到你在自己的思想世界里踽踽独行。你迫切需要停止制造疯狂的话语，不让它们在你的脑海里高速旋转，但你做不到。

强迫症像呼吸一样悄然而至。你记得你从小就学会碰到问题了，就要好好想一想，如果需要，那就反复琢磨，直到找到可行的解决办法。这种思考方式对你来说，在很小的时候就屡试不爽，因此，当你被言语攻击弄得心烦意乱时，你解决问题的方式就是抓住救命稻草般地使用你知之甚详的这个类别的思考方式。然而，这正是受虐群体对自己能做的最具破坏性的事。

如何戒掉强迫症？有不少广为人知的实用方法，如不停地说"别想了！"，画一个大大的红色停止标识，猛弹箍在手腕上的橡皮筋，记下你的所思所想，做一些需要高度注意力的事情，如此等等。尽管这些手段有所帮助，但我们在这里的重点是找到是什么从一开始就让你对受虐产生了强迫症。因此，我们来看看基本的非理性信念，就是这些信念导致你在脑海里不停地纠结于同一件事，从而产生焦虑和失控感。

（陈旧的）非理性信念："因为遭到我男友的辱骂是这么难以置信的难受，因为这绝对不允许发生，所以，我必须一刻不停地反复琢磨，直到找到办法让他停止这种行为！"

对抗："我为什么必须整天琢磨这件坏事儿？""我需要想出一个法子来阻止这种虐待，但这就证明了我必须这样做吗？""我这样不停地想啊，想啊，能找到法子阻止吗？""我从中受益了吗？"

回答（高效新型哲学）："我没必要一直想着这件坏事儿，事实上，我就是控制不住地想这事想到地老天荒，还是一丁点儿都改变不了我的男友施虐的行为。在他谈到我是什么样的人、我做了什么时，哪怕能找出些许实话都……但这也不是解决问题的办法。无所谓啦，即使我很完美，他仍然可以鸡蛋里挑骨头。显然，我这是控制不住地反复咀嚼他的施虐行为，对我找到解决方法毫无帮助。事实上，我不停地想啊，想啊，只会扰乱我的生活，弊大于利，我可以改掉这个老习惯。"

对抗："我抓住我的陈旧的非理性信念不放，会是什么结果？""这种信念让我得偿所愿吗？""能助我随心而动吗？"

回答（高效新型哲学）："抓住我的陈旧的非理性信念不放，不会改变我的伴侣或迫使他停止虐待我，也不会改变我自己或帮助我停止虐待自己。这只会给我带来更多的挫败、愤怒和痛苦，迫使我进行一场赢不了的内战，既不能让我得偿所愿，也不能助我随心而动。"

结论：现在是时候做出理性的结论，其中包括阐明放弃陈旧信念的决定和说明这样做的意义。你可以使用前面几章里的说法，也可以使用你自己的说法。

（新型的）理性信念：现在阐明你的新型的理性信念。

感性推理

当你陷入情感旋涡时，你很容易对生活中究竟发生了什么一叶障目。你不再信任自己的感知，因为你的伴侣一次又一次地对你的感知嗤之以鼻。你也养成习惯，接受他的感知胜于你自己的。

虽然依赖情感去了解所发生的事再自然不过，但情感也变得不可靠了，因为情感曾惨遭蹂躏。前一分钟你还能清楚地看到虐爱状况的细枝末节，后一分钟一切都变得迷雾重重，你已弄不清楚究竟发生了什么。你糊涂了，缺乏安全感，情绪失控。当情感如潮水般淹没你时，逻辑和理性被抛到脑后。在这种状态下，不难猜到你的负面情绪反映出事实真相："我就是这样感觉的，所以，必须就是这么回事。"

（陈旧的）非理性信念："因为我遭到虐待时控制不住地心神俱乱、六神无主，我就知道我必须这么做，即感到绝望。强烈的绝望感证明我是真的处在绝望之中！"

对抗："凭什么说我强烈感到绝望就意味着我真的处在绝望之中？"

回答（高效新型哲学）："心神俱乱之际感到绝望只证明了我有绝望的心情，仅仅感到绝望并不意味着我是处在绝望之中。我的感觉并不能提供可验证的证据，证明我的信念是真实的。我利用感觉而不是逻辑推理去证明事情的真实性，给自己造成了巨大的痛苦。现在我知道了，我可以利用REBT对抗术防止自己在受虐时心神俱乱，我一点都不绝望！"

对抗："如果我抓住我的陈旧的非理性信念不放，会是什么结果？""这种信念能让我得偿所愿吗？""能助我随心而动吗？"

回答（高效新型哲学）："抓住我的陈旧的非理性信念不放，改变不了我的男友或迫使他停止虐待我，也不能改变我自己或帮我停止虐待自己。这只会给我带来更多的挫败、愤怒和痛苦，迫使我进行一场赢不了的内战，既不能让我得偿所愿，也不能助我随心而动。"

结论：得出结论。

（新型的）理性信念：还有另外一次机会练习阐述新型的理性信念。

个性化

虐待是非常个性化的行为，不管怎么说，虐待只针对你。即使你一开始对施虐伴侣的愤怒没有责任，但我们在这里谈到的个性化，其意义表明你是把自己看成他愤怒的起因的。他通过不断的贬低使你崩溃，直到你迷失了自己。于是，你接受了他的话，即你的弱点、错误该对他的愤怒负责，你活该受到虐待。因为你伴侣的言语子弹打中的几乎都是你的脆弱部位，你迷茫了，分不清他的话是真是假。至少，你部分地接受了他的责怪，还对自己的存在和自己的所作所为感到自责。

（陈旧的）非理性信念："因为我的伴侣不停地对我进行言语侮辱，因为他动不动就这样对我，并且始终不容置疑地表明他是对的，所以，他说我错了肯定有他的道理，他责怪我也没错，发生了不好的事就该我负责。"

对抗："我男友说我错了,我就一定错了?""哪怕在他谴责我犯的错误中,有一些的确是我做的,难道我就必须承受他的愤怒和虐待?"

回答(高效新型哲学):"不是我的男友说我错了,我就错了。我现在知道了,他的行为和言论都是在发泄他陈旧的潜在的愤怒,并试图控制我。因此,我不能相信他说的话是真的。哪怕我犯过某些错,我也不该承受他的愤怒和虐待。他这种人即使跟别人在一起,也会虐待别人。所以,当我被他用言语攻击时,看上去他只是针对我这个人,我却应该反复提醒自己,这种虐待不只是针对我,或针对我说的话、我做的事。"

对抗:"如果我抓住我的陈旧的非理性信念不放,会是什么结果?""这种信念能让我得偿所愿吗?""能助我随心而动吗?"

回答(高效新型哲学):"抓住我的陈旧的非理性信念不放并不能改变我的男友或迫使他停止虐待我,也不能改变我自己或帮我停止虐待自己。这只会给我带来更多的挫败、愤怒和痛苦,迫使我进行一场赢不了的内战,既不能让我得偿所愿,也不能助我随心而动。"

结论:得出结论。

(新型的)理性信念:阐述一个新型的理性信念。(是不是越来越容易了？）

过于笼统的概括

当你喜欢过于笼统地概括事物时，你就会把一个负面事件或一系列负面事件看成一套永无尽头的失败模式。于是，"有时候"变成了"一直是"，"几乎不"变成了"从来不"，"有些"变成了"全部"，"暂时"变成了"永久"，你有可能倾向于概括人际关系和生活中的各种矛盾。你可以用以下方法来对抗不准确的过于笼统的概括：

（陈旧的）非理性信念："我这会儿应付不了男友的语言暴力，所以我永远也应付不了。我永远不能把虐待一事处理到令人满意的程度，既改变不了事件的性质，也改变不了我反应过激。我的人生就这样了，永远不会变。"

对抗："我应付不了男友的语言暴力，没能有效地改变事件的性质，或改变自己的过激反应，这是事实，但这怎么就证明了我永远也学不会做得更好呢？"

回答（高效新型哲学）："不是这样的。我可能改变不了我遭受虐待这一事实，但目前的应付不了只表明我还未学会更好地应付，而不是我没有学习能力。我现在已经很上道了，我正在掌握新的思维技巧，在男友待我不善时，如果我不让自己痛苦不堪，我就等于给自己创造了更好地可以有效处理此事的机会。我只要能更好地应对，就能改变我们两人之间的互动关系，改善我的生活质量。"

对抗："如果我抓住我的陈旧的非理性信念不放，会是什么结果？""这种信念能让我得偿所愿吗？""能助我随心而动吗？"

回答（高效新型哲学）："抓住我的陈旧的非理性信念不放并不能改变我的男友或迫使他停止虐待我，也不能改变我自己或帮我停止虐待自己。这只会给我带来更多的挫败、愤怒和痛苦，迫使我进行一场赢不了的内战，既不能让我得偿所愿，也不能助我随心而动。"

结论：得出结论。

（新型的）理性信念：阐述一个新型的理性信念。

放大和最小化

虽说听上去不符合逻辑，但你多半在放大你伴侣的施虐行为和把他的行为最小化之间徘徊踌躇，大多数受虐者都会这样做。当你的伴侣刻薄寡恩时，你的生活整个儿笼罩在他的恶意之下（放大）；当他又变回和善如初时，日子又不那么难熬了，一切又显得没那么重要了（最小化）。实际上，一个暴力事件结束后，你无法清晰地记得自己有多受伤，或究竟发生了什么。在对待你伴侣的施虐问题上，你在放大和最小化之间来回切换，这使得你既失去了心理平衡，也找不出事情真相。

你也有可能放大他的善意行为。你那么渴望爱情和亲情，你的伴侣施舍给你"丁点儿善意"，你就受宠若惊、如获至宝，放大对方的善意行为可以把你永远禁锢在这段关系里。"不管怎么说，"你自言自语道，"他好的时候是真的好！头脑正常一点的人都不会考虑离开。"你抱有微弱的希望，希望他会有所改变，会一直和善下去。

你也可能放大你自己某些方面的行为，同时把另一方面最小化——放大自己的缺点和错误，把自己的好品质和能力最小化。当你做了一件你认为不该做的小事时，你觉得自己简直罪不可赦，似乎被钉在了耻辱柱上，这就是在放大事态；当你不看好你自己，不看好你自己的能力时，你就在做最小化的工作。

（陈旧的）非理性信念（放大的）："犯这样的错误太令人尴尬了，尤其是我的男友还当着所有人的面用这件事诋毁我，我这辈子都摆脱不了这件事的影响。人人都会认为我很愚蠢，我以后会一直是别人津津乐道的话题，我这一生完了！"

对抗："我只是犯了一个错误，怎么就成了蠢货？""有什么可以证明大家都在想我做的事而且一辈子也忘不了它？"

回答（高效新型哲学）："我犯了一个错误并不能说明我就是蠢货。人人都犯错，我的所作所为并不能定义我是什么人，也没有证据证明人人都把我的错记在心里，他们肯定早已抛到脑后去了，只有我还在耿耿于怀、失魂落魄。至于说我的男友当着他人的面诋毁我，那是对他影响不好，而不是对我影响不好。对我来说认识到这点很重要。我把犯错看得比天还大，是因为我不自信，因为我习惯于关注自己的缺点，低看自己的优点。我必须看到自己不知有多少次夸大自己的失误和错处，只有清楚地看到这点，才不会朝这条路继续走下去。我也要为自己做成功的事点赞，这样我就不会因感到愚蠢而变得脆弱。"

对抗："如果我抓住我的陈旧的非理性信念不放，会是什么结果？""这种信念能让我得偿所愿吗？""能助我随心而动吗？"

回答（高效新型哲学）："抓住我的陈旧的非理性信念不放并不能改变我的男友或迫使他停止虐待我，也不能改变我自己或帮我停止虐待自己。这只会给我带来更多的挫败、愤怒和痛苦，迫使我进行一场赢不了的内战，既不能让我得偿所愿，也不能助我随心而动。"

结论：得出结论。

（新型的）理性信念：阐述一个新型的理性信念。

（陈旧的）非理性信念（最小化）："我的男友今天对我可好了，所以他昨晚说的话当不得真，也许情况不像我想象的那么坏。我几乎想不起来究竟发生了什么，或许从现在起，情况会好起来。"

对抗："就因为他今天对我好，他昨晚说的话就可能是言不由衷或没我想象的那么坏，我就这么算了？""就因为我几乎想不起来发生了什么事，所以，是不是说他讲的那些话就不必认真对待了？""就因为他今天表现不错，就证明了他以后会一直这么和蔼可亲吗？"

回答（高效新型哲学）："仅仅因为他今天对我好，并不意味着他昨晚说的话就是言不由衷；仅仅因为我想不起来昨晚有多糟糕，并不能证明昨晚就不糟糕。我需要时时提醒自己，从杰基尔博士换成海德先生，又从海德先生变回杰基尔博士，这只是虐爱循环中的某些环节，而遗忘痛苦经历中的某些环节是一种心理上的自我保护机制。对我来说，最重要的是承认自己受到了虐待，既不夸大其词，也不做最小化处理，这是唯一的办法，能使我做出理性决定去处理被虐状况，去经营自己的人生。视而不见是我的敌人，我必须坚决拒绝。"

对抗："如果我抓住我的陈旧的非理性信念不放，会是什么结果？""这种信念能让我得偿所愿吗？""能助我随心而动吗？"

回答（高效新型哲学）："抓住我的陈旧的非理性信念不放并不能改变我的男友或迫使他停止虐待我，也不能改变我自己或帮我停止虐待自己。这只会给我带来更多的挫败、愤怒和痛苦，迫使我进行一场赢不了的内战，既不能让我得偿所愿，也不能助我随心而动。"

结论：得出结论。

（新型的）理性信念：阐述一个新型的理性信念。

完美主义者的思维模式

几乎所有人都听说过完美主义，都知道完美主义的破坏性。有些人给自己设置不可能实现的标准，努力达标，但当做不到时，便一蹶不振。完美主义对那些处在虐爱关系中的人来说是破坏性的，她们中的许多人认为如果她们足够完美，她们的伴侣就会爱她们，没有理由虐待她们。然而，不管她们如何努力变得完美，也不过是让问题变得复杂了。完美主义就是把你骗入败局，让你没完没了地追究自己在虐爱关系中的责任，从而变得自厌自弃。

（陈旧的）非理性信念："我绝不能犯任何严重错误，招来我男友的诟病，我必须完美，这样的话，我就可以一劳永逸地不把虐待当作是自己的错。"

对抗："我为什么绝不能犯任何招致男友诟病的严重错误？""有哪处明文规定了我必须是完美的？"

回答（高效新型哲学）："不管我如何努力，我也不可能完美到男友永远不虐我。是人就会犯错，我也不例外。他能拿我的不完美大做文章，毫无道理地虐待我——但虐人对他来说不需要理由。

哪怕我是完美的，他也能鸡蛋里挑骨头并借此羞辱我一番。我要时时记住这一点，冲我发作是男友发泄怒火的方式，而这怒火是别处引起的，与我一点关系都没有。"

对抗："如果我抓住我的陈旧的非理性信念不放，会是什么结果？""这种信念能让我得偿所愿吗？""能助我随心而动吗？"

回答（高效新型哲学）："抓住我的陈旧的非理性信念不放并不能改变我的男友或迫使他停止虐待我，也不能改变我自己或帮我停止虐待自己。这只会给我带来更多的挫败、愤怒和痛苦，迫使我进行一场赢不了的内战，既不能让我得偿所愿，也不能助我随心而动。"

结论：得出结论。

（新型的）理性信念：阐述一个新型的理性信念。

你对对抗机制已有所了解，并通过事例知道了对抗机制是如何运作的。你理解了如何使用对抗来改变你的破坏性思维模式，继而改变你的破坏性情感模式。通过练习，你可以密切关注令你愤怒沮丧的思想，做到甚至在受虐过程中也能改变这些想法。这样的话，不管你身边究竟发生了什么，你都能在不知不觉中悄然进入理性思维模式。（在第11章中，你将了解对抗术的捷径，让这个过程更加快速便捷。）

新的思维模式帮助你踏上强大自我的康庄大道。然而，这条大道应建立在正能量的坚实地基上，不然的话，很快就会坍陷。在此之前，你怀有的负面情绪曾使你落入眼下的境地。这种情绪瓦解着你重获个人力量的努力，继续伤害你。

为了确保重获力量的大道坚实平坦，不对你的努力形成重重障碍，你需要用REBT的眼光来审视自己。下一章将教你使用REBT方法获得健康且积极向上的情感。

10

别让情绪成为
控制你的帮凶

为什么你伴侣的责怪和贬损常常使你泪水涟涟、终日纠结、执念难消呢？他怎么就这么容易让你刻骨铭心呢？为什么他的话能对你字字诛心呢？因为这些话直接触碰到痛苦的自我怀疑、自我否定。这些都是幼年留下的阴影，驱使你责备自己，使你愧疚难安、自我轻贱。你在一次又一次危机中沉浮，没有意识到缺乏安全感才是你的最大问题。缺乏安全感对你混乱的思想和痛苦的心灵来说，可谓雪上加霜，你也因此看不清你们关系有多不合理。

你觉得自己注定就这样了，注定会犯错，你的伴侣注定也就这样了，他注定该怎么虐你，就怎么虐你。你为伴侣的虐待行为找借口："我们缺钱。""他的工作压力太大。""孩子们太吵了。"你还责备自己："我早该知道这点。""我早该更小心一点，不去触怒他。""我如果不是这副模样，他也不会那样对我。"

即使你从这本书中了解到你对伴侣的可悲行为不负责任，但缺乏安全感仍然是你的软肋，你因而做不到不把他的谴责当回事儿。你会相信他的批评，接受这种想法，即你早该预见到和防止触怒他的事件发生。当你的思路朝这方面倾斜时，你就会遭受双重打击——来自两名施虐者，其中一个是放任你的伴侣虐待你，另一个则是你以虐待自己的形式帮助他虐待你，帮他用你的自我否定的利剑狠狠插入你的心脏。这种自我否定形成了一种破坏性的思维模式，使你朝自己身上泼脏水，使你在愧疚、羞耻、一无是处、愤怒、抑郁的情绪中挣扎。这些针对你伴侣恶言做出的反应都来自这种破坏性思维模式，理解并阻止这种循环是这一章的内容。

为什么你明知道不妥，还要玩
伴侣的"责怪–羞愧游戏"

你一旦了解了虐爱关系的性质，就知道你伴侣的目标是抬高他自己，把你贬入尘埃。有了这个认知，你就不会在面对他的虐待行为时不堪一击。你会意识到，既然虐待与否跟你无关，对你来说，酷刑般的灵魂探索、自我分析、自我谴责、妄自菲薄就失去了继续下去的基础，他的行为不会再造成令人崩溃的痛苦。

然而，这种认知能阻止强迫症和失控感的循环吗？不一定。有可能你仍然陷入以往熟悉的迷茫、痛苦、眼泪的泥沼中——即使你清楚地认识到你伴侣的行为是非理性的，他有关你的说辞颇为失真，那些虐待事件不是你的错。为什么？因为，虽然你不糊涂，但你的某部分已经被你伴侣的话忽悠住了，你的这一部分认为他对你的看法是对的，你的这一部分仍然看你自己不顺眼，觉得自己没有本事，你的这一部分相信你毕竟可能——正如他不遗余力地灌输——不是正常人。潜移默化中，你的缺乏安全感、你的负面感知、你的自我否定、你的自责和愧疚心理都设局使你落入他的掌心中。

没有强大的自我价值观、自爱和对自己的高度认可，你就会继续任由你的伴侣（和其他人）在言论上把你搓圆捏扁，你会用他的严苛标准来要求自己，通过他那双愤怒的眼睛看自己。当他一次又一次地戳到你的痛处时，他就能游刃有余地激发你的不安和自我怀疑，无情地凌迟你已经很脆弱的自我形象、自我价值和自尊心，利用你的人品，伤害你柔软的部位。你伤得越多，每次遭到攻击时你就越容易受伤，就越难应付裕如。

当你的伴侣挖空心思寻找你的不足之处时，你可能越来越相信你真的有不足的地方，不仅有这些不足，而且还觉得拥有这些不足是很可怕的事，相信这些不足把你变成了一个可怕的人。在你伴侣对你的严厉谴责上，你有可能添油加醋，这里面包括责备自己不该从一开始就一头栽进这段虐爱关系里，包括因做不到分手或不能处理得当而感到惭愧和无力。

你的一部分心理唯你的伴侣马首是瞻。这部分的你能把你深深拖入怀疑、迷茫、自责、愧疚、羞耻和自厌的旋涡中，只要你跟他一样不接受你自己，并且认为他对你的不良看法不完全是错的，你就会继续被他的施虐行为深深伤害。也许这还不是最糟糕的，最糟糕的是你还会继续深深地伤害自己。哪怕他的言语攻击已结束了，你还会残酷地、苛责地自我对话，叫自己痛不欲生，还会习惯性地在脑海里苦苦挣扎，以至于无法保持清醒的头脑去处理他的虐待。

你是如何玩"责怪–羞愧游戏"的

如果你跟大多数受虐者没有区别的话，你会苦恼于伴侣的控诉和责难里究竟有没有真实性。你会相信一句老话"一个巴掌拍不响"，觉得你可能或多或少也参与制造了这种"矛盾"。作为一个人，你可能对自己有所怀疑，而你的施虐伴侣正好利用这点攻击你。你对自己越没有把握、越挑剔，你就越倾向于责备自己，越容易心怀愧疚和羞耻，而你的伴侣就越能让你心理失衡、头脑混乱、心情沮丧，而你则越能被他说的"错处"纠缠上，无心做其他事。

虽然处理虐待行为对每个人来说都是挑战，但那种严格要求自己的人和倾向于看低自己的人更容易受到重创——事实上，施虐伴侣的话可以造成剜心剔骨之痛，而这类受虐者也比旁人更能快速地感到羞耻、难堪和屈辱。

如果发生在你身上，你可能对虐待事件耿耿于怀，直到你确定是你的错、你的缺陷或你的失误导致了这一切的发生，哪怕是对事发负有部分责任。你一遍又一遍地回放说过的话，急迫地想把事实与臆想出来的东西分开——是不是真像你伴侣声称的那样，你太不小心了，你太不为对方着想了，你真的犯了跟以前一样的错吗？不管怎么说，如果真不是那么回事儿，他干吗说那话？

你只要在混乱的思绪中确定你伴侣对你的评价有一丝真实性，你就会自责、愧疚，在为自己的"存在"和行为感到羞耻的过程中起起落落。你会认为他对你的看法或许是对的，你不仅什么事都做不好，而且显然，就像他一如既往认为的那样，你对发生过的和未发生过的大事小情的"正确"记忆也都是错的、不可靠的。他说是你挑起了他的怒火和虐待行为，你也可能时不时地被说服了，觉得这种谴责没有问题。

你知道——毫不怀疑地——你伴侣说你的那些话不真实，你搜肠刮肚地向他"证明"你是"无辜"的，努力让他相信他错怪了你，让他相信你没有犯他指控的那些"罪"，你没什么不正常的地方，事实上有时候你活着的意义似乎就是向他"证明"这点。你为什么要不遗余力地证明自己的无辜？因为你对自己的感观取决于伴侣对你的感观，你心情的好坏取决于他的看法，你在透过他的眼睛看自己。

你伴侣的攻击叫你头脑混乱、忐忑不安，所以，无论何时你知道他错怪了你，你都忍不住要他看清这一点。如果这一次他知道自己弄错了，说不定他会意识到其他时候他也错了呢。这样的话，他可能不会认为你是烂泥扶不上墙，你也能更高看自己一些。

因为你通过伴侣的眼睛看自己，不管有没有做错，羞耻、难堪、屈辱都会从你心中油然而生。这些情绪不是来自你遭到指控的那些错误行为，而是来自你在他认为你做错了后生出的妄自菲薄。不管你有没有做错，或只是他认为你做错了，你都会认同自己的行为恶劣不堪，并且，你还告知自己，你的恶劣行为把你变成了坏人。因此，你怎么也不能让指控者认为你做了令人不齿的事。

但是，通过所做的事看人品是荒唐的，因为，你做的事不下百万件——好事、坏事、不好不坏的事。显然，不能通过你做的某一件事来判断你的人品，哪怕几件坏事加在一起，也不能证明你的人品不好，因为你也做过更多的好事。

然而，你的指控者知道你认为人品取决于所做的事，你的行为表现定义了你的完整自我，他知道羞耻感跟你如影随形。如果他让你相信你做错了事，你不仅会感到抱歉和失望，而且会无情地拿自己开涮。他甚至会当着他人的面贬损你，就是知道你会因别人不认可你的行为而认为别人也不认可你这个人，知道你就是一个人云亦云的角色。

如何不再玩"责怪-羞愧游戏"？

想要停止玩你伴侣的破坏性游戏，其方法是停止责怪自己，停止因觉得自己不完美而感到羞耻。仅仅因为要向你伴侣、你自己和其他人证明你具有亲和力、讨人喜欢、有价值，你就驱使自己做得更好，变得更好——你也必须停止这样做。

不管你的伴侣对你的指控对错与否，你都可以感觉良好，内心强大；不管你对他指控的真实性是否想不明白，是否犹疑不定，你都可以感觉良好、内心强大。如何做到这点？不管发生了什么，要学会全盘接受自己和自己的内在价值。这听上去不是一件容易的事，但你如果赋予自己REBT中最有价值的天赋，你就能做到，那就是无条件地接受自我。不管谁说了什么关于你的话，不管有关你的事真假与否，当你真正不为所动时，你就能够：

- 不把你伴侣的指控当回事儿。
- 不接受来自你伴侣的情感打击。
- 不再折磨自己。
- 不再觉得自己比别人差，不配得到别人的喜爱。
- 不再急不可耐地寻找证据，证明你的伴侣在伤害你，证明你不应该受到这种待遇。
- 不再一门心思地琢磨你的伴侣说你的那些坏话是否部分或全部属实。
- 不再拼命需要向你的伴侣、你自己、其他人证明你的为人。
- 不再为你的存在、你的所作所为而感到羞愧。

你可以学着像那些拥有健康的自我接纳和自我价值观的人一样去思想和反应。这类人不把"行事"和"人品"混为一谈，因而不拿行事来界定他们作为人的价值，他们脱离了"比他人矮了一截"的心魔。以下就是他们受益匪浅的做法：

●他们不会因负面评论而感到备受打击，能酌情考虑其源头。如果评论不可靠，他们会降低评论在心中的分量，如果失真，他们可以不予理会。

●他们知道自己不需要完美——没有人是完美的。他们认识到虐待就是虐待，毫无道理，哪怕指控者的话里带几分真实。

●遭受虐待时，他们能一眼瞧出来，会把注意力放在处理这件事上，而不是把注意力转移到他们自身的缺陷和失误上，把宝贵的精力浪费在折磨自己上。

●别人要他们注意自己的行为，他们不会一听就炸毛，而是掂量一下，看看改善这个行为是否对自己有利。他们会采取行动改变——既不是为了满足其他人，也不是为了降低虐待的严重性——而是为她们自己来改善自己。

好吧，不管发生了什么，能相信自己有亲和力、有价值、招人喜爱，这都是一种很棒的感觉，能够以你的现状接受你自己，知道看待自己时不以成败论英雄，或不用他人的观点来衡量自己。可是，如何做到这点？靠的是改变你的思维模式。正如我们前面所指出的，重要的不是你的伴侣如何想，而是你本人如何想。你的想法能让你强大起来，也能让你软弱下去；你的想法能让你针对伴侣的批评只是感到恼火，也能让你从此一蹶不振。

其实很简单，你把自己朝坏处想，你对自己的感觉就很差；你把自己朝好处想，你对自己就感觉良好。你必须下定决心采纳满足自己需要、治愈自己伤痛的思维模式。

帮助你在任何情况下拥有良好心态的思维模式

如果你跟无情磋磨你的伴侣生活在一起，你怎么会拥有健康的自我接纳和自我价值观呢？在你无法阻止他的施虐时，又如何阻止他对你自身价值的摧残呢？显然，先阻止你对自我的摧残。通俗一点地说，不管发生了什么，不要认为自己一无是处，不要轻视自己。没错，在任何条件下都不要觉得自己低人一等、不好或毫无价值，仅此而已。你要无条件地接纳自己。你这种"低人一等"的感觉或许随着你的伴侣而来，或许在他没出现之前就已深深埋藏在心底，但不管来自何处，无条件地接纳自己就能获得良好心态。

当你身处虐爱关系中，无条件地接纳自己是在减轻情感痛苦的路上迈出了一大步，夯实了你的性格基础，帮助你在生活的方方面面和其他人际关系如家庭成员关系、朋友关系、生意或同事关系、与服务人员的关系中取得成功。让我们来看看如何塑造无条件的自我接纳：

1. 即使错了，你仍然无条件地接纳自己。

虽然你认识到并承认在大多数情况下，你的指控者对你的斥责是不公正的、无理取闹的，但你对自己说："他某些方面也没说错，我也许做了一些蠢事，在这些事情上我是不靠谱，也不完美。可是，哪怕我在这件事上是真的错了，错得离谱，哪怕我在那件事上失了理智，但这都只是个别的行为，不能代表我就是这种人。我表现不佳，但并不妨碍我一直是不出格的正常人，是什么样的人品就是什么样的人品，个别行为并不能推翻这点。"

2. 即使遭到伴侣的言语攻击，你仍然无条件地接纳自己。

你十分渴望来自伴侣的赞同和爱慕，从中获得巨大的满足和快乐，但没有这一切，你仍然幸福。你有其他通往快乐的路可走，尤其不需要仰仗施虐伴侣的赞同和爱慕来确定你做人的价值。你本身就是无价的，活泼热烈且充满生命力！你的价值体现不必依指控者而定——除非你愚蠢地非要这样做！

3. 不管别人是否尊敬你，是否看重你，你要无条件地接纳自己。

你喜欢被人喜爱，因为招人喜欢给你带来快乐和好处。然而，你的人生是否有价值不必看别人的眼色。如果你这样做了，当这一群人接受你而另一群人不接受你时，或者，当一群人今天尊敬你而明天把你踩在脚下时，你的个人价值就变成了忽高忽低的跷跷板，你坐在上面也跟着起伏不定、忐忑不安。当你把评估你价值的权柄交与他人，你就失去了这个权柄。

无条件地接纳你自己可以解决许多问题，但要做到这点，你必须避开以下情况：

- 当你认为你做得不好，做错了，做了蠢事，或者你认为别人是这样看待你时，你倾向于感到愧疚、抑郁。
- 习惯性地看轻自己。
- 文化影响训练女人服从男人，使女人不像男人那样敢于站出来维护自己的权利，而是在更多的时候，为她们的"失误"低头认罪。

你真的能避开陈旧的思维方式，无条件地接纳你自己吗？当然能，因为正如你所学到的，你已身怀出色的能力和才干。

- 你控制住自己的情绪，不让情绪控制你。
- 在很大程度上你的思想左右了你的感受，但你可以对自己的思想加以思考和改进。
- 正如埃莉诺·罗斯福所说的，"没有人能未经你允许侮辱你或轻贱你"。
- 对你施加语言暴力的人能伤害到你的身体，但伤害不到你的情感和精神，除非你允许他这样做。

采用REBT摆脱自责和负罪感

REBT是为数不多在对待自责和负罪感上立场鲜明的心理疗法——自责和负罪感从来就不合法、不合理。什么？从来不？是的，从来不。为了帮助你理解这个不同寻常的立场，让我们先对自责和负罪感下一个定义。

想想你这一生中做过的事，你时而犯错，时而搞砸了或做过不该做的事。比如，你可能在盛怒中说了一些你希望能收回的话，你可能做了为法律和道德所不容的事，可能偷税漏税，或没上交你捡到的钱包或珠宝。面对这些为社会所不容的行为，你有做和不做的选择。你做了，你就对所做之事负责，对你给自己和他人造成的伤害负责。你可以说你没有逃避责任，你的行为有罪，你可以合法地产生负罪感，对你造成的伤害你很抱歉，你懊恼，你悔恨交加，这是合情合理的。

然而，当受虐者有负罪感时，她们不仅仅承认对做错事负有责任，不仅仅产生健康的负面情绪如抱歉、懊恼、悔恨，她们还夸大自己的不好行为，加重自己的负罪感。她们因所做的事而怀疑自己的人品，相信"我做了坏事，我是一个坏人或毫无价值的人"。这种想法产生了极端不健康的负罪感和导致自己一蹶不振的自厌自弃。

当处在充斥语言暴力的关系中，产生这种想法的机会不胜枚举。想想你有多少次怀有极端不健康的负罪感吧，你恨自己，沉溺于不良情绪中无法纾解。REBT说，这些都是你可以彻底摆脱的。

对自厌问题的解决又一次回到这一点，那就是不管你的行为有多坏，不管你多么看不上自己的行为，你仍然要无条件地接纳自己。如果遭到谴责的事不是你做的，你根本不用理会；如果真是你做的，接受惩罚，表示出适度的抱歉，但不要因为做错了一件事就认为自己是一个彻头彻尾的坏人。

为什么要努力做到无条件地接纳自己？因为这十分有效！

有条件的自我接纳是做无用功

如果你唯一接纳并欣赏自己的时候，是在你恰如其分地做了一些重要的事之后，或得到了重要人物的赞赏或爱慕，那就是有条件地接纳自我。身临其境，你的感觉一定很棒，但这会带来许多问题，原因是：

1. 有条件的自我接纳就像神采飞扬地坐上了下不来的过山车。

有条件地接纳自我意味着你做得好才心情愉悦，做得不好就自厌自弃，一切都取决于你在工作中是否出色，你是否有聪明才干，你是否长得好，别人如何看待你。

假如你有条件地接纳自我，犯了错何以自处？你的自尊心会无休止地跌宕起伏，一会儿沾沾自喜，一会儿自厌自弃。你还会焦虑、抑郁、恐慌，有强烈的非健康情绪，因为你选择的是在苛刻的条件下接纳自我。

2. 有条件的自我接纳很难让你出彩，常常使你表现不佳。

斟酌该做什么、不做什么，这是十分有用的，也是生存之道，帮助你在现在、将来纠正错误，做出更好的选择。然而，为了接纳自我，你强烈要求自己必须成功，一旦做不到，你就斥责自己，从而滋生出自我轻贱。这样的话，你就很难有所成就。事实上，你越纠结于自己是不是好人，你就越感到焦虑，你不专注于做事本身，要想把事情做好就很困难。当你觉得自己不是好人，觉得自己一事无成，你就给自己设置了一个"你是孬种"的预言。而当你专注于眼前做的事，而不是你有多"好"、有多"坏"，你做事的效率要高得多。

3．因不成功而轻贱自己让你失去他人的敬意，招致他人的虐待。

大多数人看见的是你的自我轻贱，而不是你的行为。他们会对你失去敬意，用和你一样的鄙夷目光来看待你。你说："我怎么这么蠢！我总是做那样的事。"面对你这种人，他们又怎会充满敬意？有些人，尤其像你伴侣这种喜欢语言暴力的人，特别欣赏你的自我厌弃。有你这个对照组，他们看自己就是"有本事"的人，就是一个"好人"。当你"一钱不值"时，他们就"价值连城"。他们还能利用你显而易见的软肋，对你呼来喝去、出言不逊，可面对高看自己的人时，他们可没这个胆子。

4. 更重要的是，你无法找出一个普世标准给你的自我、你的生命和你的人品划分等级。

想想你一生中做的上百万件事，你能精准地评判这些事吗？你有没有找到一个普世标准来评估自己是"好人"，还是"坏人"？你不能，也没有这样一个普世标准。随着你的思想、情绪和行动不断变化，你如何能够在前一分钟到后一分钟之间决定你是不是好人？只要你活着，你就处于一个流动的过程中，哪怕你能聪明地给自己过去和现在的行为划分等级，你又如何知道将来的行为及将来行为的好坏？你不知道。

我们可以继续用普世标准给你自己定级，但正如你所看到的，这种戏码不管用。我们的目的是给你行得通的解决方案，帮助你不再给自己划分等级，这个方案就是无条件的自我接纳。

如何养成无条件的自我接纳

REBT可以教给你两种无条件的自我接纳哲学，你可以从中选出最让你感到自在的作为你的新型自我价值观。两种哲学都有效——只要你坚持不懈地运用它们。

哲学 I

"我拒绝用任何普世标准给我的自我、我的生命或我的本质划分等级，我将以是否能帮我实现我的基本目标和目的来给我的思想、情绪和行为定级。"

如果你采纳了这种哲学，你不会说"我是好人或我是坏人"。你只会坚持以是否实现你的基本目标和目的来给你的思想、情绪和行为划分等级，同时克制自己不给你的自我、你的人格定级。你只会说："我活着，我的目标是继续活着，在活着的时候幸福并能相对脱离痛苦。因此，能恰到好处地帮到我实现目标，我就认为是好事；如果不恰当地阻碍了这些目标实现，就是坏事。我不会用普世标准给我自己、我的生命或我的本质定级，这是做不到的事，而且只会伤害我。仅仅因为我活着，我是人，我将无条件地接纳我自己，我会克制自己不以好坏来给我的完整自我或人格定级。"

丹妮丝是一位接受REBT的患者，近期采用了这种自我价值观。她想减掉15磅体重，决定减少食量，不瘦身就不吃糖。一天晚上，也就是她节食两星期后，她去父母家吃饭，父母端上来巧克力奶油派作为甜点。这是她的最爱，她破戒了，吃了一大块。

回到家后，她开始为自己的意志薄弱而自责。这时，她想起了她的REBT新型哲学，她对自己说："我在减肥时吃一块派不是一件好事，因为这违背了我的减肥目标，但吃了派并不能把我变成一个坏人，就像其他日子里我没吃派也没有就此把我变成一个好人，我只是成了一个决策失误的人，没有失去什么。我明天会做得更好。"

哲学 II

"我始终把自己定义为好人、有价值的人——仅仅因为我存在，仅仅因为我活着，仅仅因为我是人。我不会给任何人和事划分等级。"

这是简单但非常实用的解决方案，把自己想成好人、有价值的人，或配得上拥有幸福的人。"仅仅因为"确实有不少好处，这使得你为活着而感到快乐，增加你的自信心，鼓励你努力成为成功人士，帮助你做出更好成绩。REBT教导你为了实现无条件的自我接纳，只需相信："我是好人，我的生命有价值，我配得上拥有一个快乐人生，仅仅因为我活着，仅仅因为我是人，仅仅因为我就是我。我选择认定自己是好人，我就会成为好人！"

当你采纳这种哲学思想时，你能够认识到你有缺陷，你会犯错，但你仍然坚持相信"我知道自己是好人，自始至终都是好人。为什么？仅仅因为我存在！仅仅因为我活泼、热烈而充满生命力！"这样的话，你可以把自己定义为好人，即使你遭到言语侮辱，即使你有拖延症，即使你做了"蠢事"如吸烟、吃得太多——即使你不完美。

够简单的吧？是的——也不是。对受虐者来说，学会以自己的现状——仅仅以现有的状态接纳自己是一个陌生的概念，但这管用。你要做的只是选择相信这点，一遍又一遍地提醒自己做到这点，直到这种信念成为你的第二天性。你可以写下你的新型哲学，反复温习，从而加快这个过程："我是好人，我值得过上幸福的生活，仅仅因为我活着，仅仅因为我是人，仅仅因为我就是我。我选择把自己看成一个好人，所以我定会成为一个好人！"

REBT无条件的自我接纳概念包括两点：一是评估你行为的等级标准在于这些行为是否实现了你的基本目标和目的，不给你的自我和存在进行综合评分；二是把自己定义为好人、有价值的人，仅仅因为你活着，你是一个人，仅仅因为你选择不做坏人和孬种，而且，不给任何事划分等级。选择吧，两种无条件的接纳自我的哲学都十分有效。

只因为你活着，你是一个人，你就把自己当作好人来接受，这种哲学容易得多。但如果你非要给自己的行为划分等级，小心不要回到老习惯，即给完整自我定级。每当你忍不住要给完整自我定级时，拼命提醒自己，任何给完整自我打分的做法都是不准确的，都是无用功。从现在开始下定决心，只评估你的想法、你的感受、你的行动，但绝不评估你的完整自我。

愤怒使你与伴侣及痛苦纠缠不休
无条件地接纳他人能使你从愤怒中脱身

你已经看到了贬斥自己会是什么结果，现在，我们来考虑一下贬斥他人会怎么样：你很生气！但是，你不一定想得到自己在生气，因为愤怒有多副面孔。大多数人只熟悉显而易见的外在的愤怒，其实愤怒可以是内在的，表现为抑郁——一种"更能接受的"形式。另外，愤怒还体现在痛苦和折磨中，不管以什么面孔出现，愤怒对你都有所伤害。如果你因愤怒而愧疚、郁闷，你受的伤害就更大。愤怒使你与你的伴侣及他阴晴不定的行为纠缠不休，破坏了你做出的应对努力，可能导致你生病。

如果你继续骂他人该死，蔑视他人，你的怒火会积累到爆发的程度，因怒生恨，这比你的愤怒对象给你带来的伤害更凶猛。或者，你会生闷气，转而抑郁，最后严重到生出绝望的心情，甚至想到结束自己的生命。正如你所看到的，贬斥别人就像贬斥自己一样，会产生破坏性的情绪。REBT给出的答案是放弃武断的必须、应该，展露无条件的自我接纳的另一面：无条件地接纳他人。尽管听上去很不舒服，但这里面也包含接纳你的伴侣、对你施加语言暴力的人。

如果这种做法叫你退缩，叫你恨不得大喊"没门！"，别忘了REBT是在给你提供最佳方案，即如何实现这样的目标：减少情感痛苦，更得心应手地应对你的施虐伴侣，保持平静、专注和强大的心态，以便做出理性的决定。

正如你学会了把你的行为跟你的完整自我区分开，你也应该学着把你伴侣的行为跟他的完整自我区分开。你需要全盘接受，完全放弃贬斥任何人——尽管对方有施虐行为，有令人憎恶的表现。不管你相不相信，你既然学会了克制自己不数落你自己，你同样也能克制自己不去数落他人，包括你的伴侣。

为什么尽管你的伴侣行为可憎，你还要不数落他，不咒骂他？因为我们又一次要说的是，数落和咒骂酝酿愤怒。不管看上去你因多么正当的理由而生气，这种愤怒只给你带来凌迟之痛，不会减少他对你的虐待，也不能使你的伴侣受到惩罚。你可能不得不花费75%的时间应付他的怒火，但处理自己的愤怒时，你不得不用上100%的时间。

当我们建议你不要把你的伴侣看作十恶不赦时，我们不是建议你开脱他的恶行，我们肯定也不建议你因他的补救行为而过分感念他的好，我们只是遵守REBT模式，不贬斥你自己和其他人，因为这会产生愤怒和仇恨，与你本人不落入极端沮丧的目标背道而驰。每一次你咒骂你伴侣这杀千刀的，告诉自己他不应该这样行事，你就在酝酿你的愤怒。学会停止对你的伴侣进行人身攻击，不贬斥他的完整自我、他的本质，把无条件地接纳他人的哲学运用到他身上，这样做完全是为你自己着想，而不是为他着想。这不是你随意可以说给他听的话，而是在你脑海里默默进行的一道程序，只为了让你一切安好。

别忘了在虐爱关系里，谁保持冷静理智，谁就"赢了"。当你决定停止咒骂和仇恨时，保持冷静理智就会成为你的首选。当你被伴侣的施虐行为激怒时，你就等于任其把你拖入情绪风暴中。只有冷静理智的头脑能使你面对他时有机会高效地处理争端。

你的最终胜利是能够对自己的情绪收放自如，能够运用自己的自由意志做出选择，从而改善你的生活，迎来内心的平静。

你一旦决定赋予自己这样的天赋——无条件地接纳自我和无条件地接纳他人，你将重获力量，将在掌控自己的情绪和生活的路上迈出一大步。

在下一章里，我们将利用受虐者经历过的常见问题做示范，向你展示如何在日常生活中运用新型的不批评指责、无为而治的哲学——尤其在出现冲突的时候。

11

将技巧付诸实践

现在，让我们看看你习得的REBT技巧和哲学是如何帮助你解决日常矛盾的，我们会用常见问题的事例来帮你把这些技巧"思考"透彻、"讨论"透彻。在这段感情生活里，无论你是选择脱离关系还是留下来，或者还牵涉到其他情况，我们都可以教你如何使用有效的方法来做这些困难决定。

尽管你的问题可能跟我们讨论的有所不同，但用理性的眼光看待它们——包括使用无条件的自我接纳、对抗术、健康的自我对话——几乎可以适用于解决你的任何问题。

你将了解什么是健康的自我对话，以及如何将其快速地用于"紧急"状况。你还会学到如何走捷径进行对抗，这种技巧能助你竖起情感壁垒，无论何时何地都能护你平安。

常见问题及相应的REBT回答

问题：你觉得自己超重了、不漂亮、无聊或愚蠢，害怕假如你的伴侣离开你或你离开他，没人会要你。

回答：仅仅因为你觉得自己超重了、不漂亮、无聊或愚蠢，并不意味着你就是如此。你产生这种感觉是因为你的施虐伴侣把你虐狠了，或者，自从你有记忆以来，你一直都有这种感觉。你能做什么？从对抗你的非理性信念开始。你的非理性信念是你感觉自己肥胖、丑陋、无聊、愚蠢，这就证明了你是如此。那么，告诉自己，仅仅因为你有这种感觉并不意味着这就是事实真相。

万一你的感觉有几分是真的呢？也许你沉浸在这种不好的感觉里太久了，已无法向他人启齿。也许你确实超重了，可这又如何？你可以想想你的新型哲学，即无条件地接纳自我。你的外貌、你的个性、你的知识都不是你的全部，你做过的事、你没做过的事、你说过的话、你没说过的话都无法定义你的本质，其他人对你的看法也不是针对你的存在，你可以接受自己的现状，同时承认某些方面可以做一些改进。

漫长日子里，你忙于盯着自己的缺点不放，一定没有想过自己所拥有的优良品质，没有一条法律说你必须抓住自己的缺点不放。事实上，专注于自己的优良品质，看看会有什么结果，这是一种十分有趣的体验，也会给你的生活带来新意，说不定你还能等来要用微笑和致谢去迎接他人的溢美之词的时候呢。［可以通过阅读我（马西娅·格拉德·鲍尔斯）的书《个人魅力：如何得到"那种特殊魔力"》来获得良好的自我感觉。］

你对自己的感观体现在你的态度、表情和仪态上，充满正能量的身体语言比身上多长了几斤肉或牙没长好更有说服力。因此，如果你认为因为你不是世界上最见多识广的人、学历最高的人、最能激励人心的人，所以没人需要你、没人爱你，那么，朝四周看看，不是每个人都苗条美丽、光彩照人、才华横溢。事实上，大多数人都很平凡，而成千上万的人都找到了愿意给予爱情回报的心仪对象。那些身体有残缺，每天面临重重障碍的人也不缺真爱。

各种各样不同性格的人都成功地建立了幸福、美满的爱情关系，都找到了伴侣。这些伴侣懂得欣赏他们的善良本质、幽默感、冒险天性、价值观、世界观和他们别具一格的气质，你也可以找到爱你的人——仅仅因为你是你。

问题：你的心在颤抖，你知道伴侣吼叫出来的话里带几分真实，你能做什么？你如何停止自责？

回答：正如我们所说的，来自伴侣的大多数言语攻击都完全没有道理，没有事实依据。一般来说，最好拒听他那条毒舌溅出的毒液般的词儿。然而，正如每个受虐伴侣所知道的那样，这些歪曲的假话里掺杂着几分真实的东西。

如果你没忘记你决定无条件地接纳自己，就把自己的缺陷和失误当作人性的自然表现吧，那么，你就不会内心不安、情绪沮丧。你会认识到每个人都有缺陷和失误，但没有人因这些不完美，就该受到虐待。

因此，停止轻贱自己，停止相信是你的缺点造成了伴侣的施虐，戒掉这种习惯：纠结于他的批评，难以释怀。你的确可能有一些缺点，可能会伤害到你自己、你的伴侣、你的孩子们和其他人，但即使老习惯难以打破，你几乎总能学会修正和戒除。

从不自欺欺人开始。承认自己在某些方面做不到至臻完美，不要否认自己的缺陷，不要不把这些缺陷当回事儿，或眼不见，心不烦，这样做只会让你陷入愧疚之中，无助于你自尊自重或成长为一个幸福的人。在某种程度上你的伴侣对你所做的事批评得对，但他错在针对你做的事贬斥你，你可以建设性地采纳他的批评为你所用。

你一旦对所发生的事有了清醒的认识，心态良好，应对良好，你就可以选择不动声色地进行评估：如果把伴侣逼迫你注意的行为加以改进的话，你是否从中获利。你这样做不是为了满足他的心理，也不是为了减少虐待，更不是为了证明什么，而是为了你自己来完善自我。

如果你决定改正缺点，充分承认错误，但不过分夸大错误，那么，你就密切审视伴随这个过程的想法、情绪和行动。

比如告诉自己："是的，我没能保持房间整洁，家里来人了，我还在这里捡捡，那里收收，乱得找东西都很难。让我看看我是怎么弄乱的，哦……我脱衣的时候没有把它们挂起来，东西用过了后没有及时处理掉，我对自己说：'明天吧，明天来收拾。'我还喜欢囤货，不善于扔掉旧杂志、旧报纸或旧信件，甚至下不了决心扔掉我不穿的旧衣服。唉，是该做出改变了！"

当你注意到自己的缺点时，记得寻找纵容这些缺点的非理性信念。在这个不讲卫生的事例里，你的非理性信念会是这样："我太累了，心情不好，没心情打理，保持整洁太难了，尤其是又乱了后，真痛苦！我讨厌收拾，再说，我太忙了，没时间做其他事。"

好好看看这些非理性信念，积极踊跃地对抗它们，把它们转变为一种高效新型哲学。设想一下没有任何理由摆在面前，而保持家里整洁是首要任务。在这种情况下，你可以承认自己的缺点，对自己说："虽然我的男友不该对我骂骂咧咧，没理由这么残忍地对待我，但这一次，在我把家里弄得乱七八糟这件事上他是对的，我是真的想收拾好，所以，别找借口了！我知道我稍微再努力些，就可以做得更好。我不是像他不公正地指责的那样，是个懒鬼，我只是没把家收拾好。我明白了我的行为不够好，有待改进，所以，别把这些缺点往我的人品上扯，我会尽力改正。我倒要看看自己能做到哪一步。但即使出于某种原因没做到，我也不会把自己看成没本事的人，做得不好不代表我这个人不好。"以这种方式对抗，能帮助你改掉连你自己都不喜欢的行为。这样的话，你就能更加容易地改正自己的某些缺点。

当然，也会出现情有可原的情况，比如，你病了，你要上班、上学，没有多少时间打扫卫生。如果孩子还小，留给自己的时间就更少。在这种情况下，你不得不捋清事情的轻重缓急，原谅自己没法像你愿意的那样保持整洁。

你可以利用REBT把自己看成有缺点的人，而不是一无是处、毫无价值的人。条件允许的话，你可以允许自己暂时采取不尽如人意的做法，关键是要做到在可以改变的时候就去改变，在不能改变的时候尽力而为。重要的是，在不责备和咒骂你的完整自我的情况下，对自己诚实。

问题：对于是否要跟伴侣谈他的暴力问题，你考虑过其中的利弊，认定这样做有好的理由，但你心中害怕，因为你认为自己无法面对他的反应。你认为这是自己软弱无能的表现。因为恐惧，你一方面不停地瞧不起自己，另一方面又无情地讽刺打击自己。你如何不再因恐惧而批评自己，因恐惧而感到羞愧难当、百无一用？

回答：因害怕直面你的伴侣而批评自己，并为此感到羞愧难当、百无一用，与因别的行为而这样想没啥两样，只会使你的情况更糟。

把你的精力——浪费的精力，放在鞭策你去接受自我和你的人性弱点上。别忘了REBT是怎么教你的：你做的和你没做的都不是你，自责和愧疚都毫无道理。

把你的新型无条件的自我接纳哲学利用起来："害怕直面我的男友不会把我变成软弱无能的人，这只说明我现在的行为不够刚强。因这种软弱而瞧不起自己，只会让我更加软弱，更加痛苦。自我咒骂就是自我击败！它削弱了我的力量，使我无法采取行动。我要时时盯着自己的软弱，考虑如何变弱为强，提醒自己，除非我开始做些什么去改变，否则什么都无法改变。然而，哪怕我现在提不起劲儿行动起来，我仍然不会瞧不起自己，我拒绝为此打击自己。"

问题：你已经针对伴侣的暴力倾向找他谈过了。他非但没有停止，反而还变本加厉。你开始认真思考离他而去，但仍然犹豫不决，因为留在他身边还是有诸多好处的，至少目前如此。你该如何帮助自己下决心？

回答：有一个实用的方法能帮助你下决心离开，称为快乐演算法，其原型来自十九世纪早期的哲学家杰里米·边沁的构想，即做一份依照其权重来定级的利弊清单。这有助于你从理性而不是感性的角度评估你的处境。

尽管你的伴侣继续施虐，但你留在他身边究竟有多少实际好处和实际坏处，你可以花上几天工夫列举出来，这要求你把留下来的现实理由跟情感理由区分开。（如何处理你的情感理由，将在下面两章里谈到。）

比如，留下来的好处有以下几点：

●有人做伴。

●为了孩子保持家庭稳定。

●分开过，开销较大。

●避免了分开后生活秩序被打乱。

●为我的职业培训或重返学校赢得时间。

留下来的坏处有以下几点：

●我想要的、长久的、充满爱意的陪伴一去不复返。

●生活在挨批、挨骂中。

●在持续不断的压力下感到病恹恹的。

●跟他在一起没了性趣（或没有性生活）。

●孩子们生活在暴力、摩擦中。

　　仔细琢磨清单上的利弊，给每一项从1到10进行打分。比如，在我们的清单上，你可能给"孩子们生活在暴力、摩擦中"打10分，给"分开过，开销较大"打7分，给"有人做伴"打3分。当你根据你感到的愉悦和痛苦给所有利弊打完分后，把两大块的分数分别加起来，看哪一块分数更高。隔三岔五地重复这项打分工作，看结果是不是保持一致。你也可以反复审核你的清单，确保不遗漏任何重要细节。

　　如果你几次打分后得到的结果是近似的，那它们就可以帮助你更清楚自己的处境。比如，假如你在利好方面得分105，在弊端方面得分76，你就知道自己最好留下来。然而，设想一下，你的清单显示你离开伴侣后，你本人和家人的日子会好得多，但你仍然没有勇气做出决定，你又该怎么办？你可以先温习留下来的理由，改变这些理由后面的推理，比如，如果你说服自己留下来，主要是因为你为了孩子需要保持家庭稳定，你可以重审这一项，告知自己：

●保持家庭稳定意味着孩子们一直生活在暴力、摩擦的环境里。

●生活在家暴环境里，会导致孩子们焦虑、恐惧、愤懑。

●具有暴力倾向的父亲和逆来顺受的母亲都不是孩子们的好榜样。

●如果孩子们生活在一个无爱的家庭里，他们成人后就很难组建有爱的家庭。

如果这类对不分手的好处的对抗仍然无法让你下定决心离开，你就可以在不诋毁你的自我、人格和生命的情况下，承认自己的软弱行为并不是好事。你可以不停地告诉自己："我的拖延症和我在去留问题上的惰性是有害的、愚蠢的，但这没有把我变成一个坏人，我只是一个容易犯错的人，在这件事上暴露出来了而已。如果我因此而谴责自己，我只会更加焦虑，更加软弱无能。我决定全盘接受自己的失败，这样的话，我就能更加冷静地观察我究竟在哪儿失败了，就能改改我的思维模式、行为模式，以求进步。但即使我继续摇摆不定，继续软弱，即使我一直跟我的伴侣凑合着过，我也只不过是行事不果决，但绝不是，绝不是一个坏人。"

"紧急"情况下的健康的自我对话

紧急情况下，你只会使出你知道的最好手段，不幸的是，这个最好手段就是非健康的自我对话。你恐怕多年来每天都在用它，每当你最需要头脑清醒时，非健康的自我对话就会造成你思想的淤堵，而健康的自我对话却能助你有效应对。通过练习，即使你处在压力下，你也可以把健康的自我对话训练成新型的，可以自动开启的思考方式。

以下是一些常见问题，能在受虐人群里触发非健康的自我对话。让我们来看看如何用健康的自我对话取而代之。

问题：你的伴侣既是杰基尔博士，又是海德先生，毫无征兆地从平和、良善转成易怒、愤怒、刻薄，你活得提心吊胆，鲜少有快乐的时候，焦虑难安，不知下一次他又会变成什么样儿。在这种情况下，你能对自己说什么？

新型的自我对话："我拒绝把生活的每一分钟都用在担心他的情绪上。我当然更愿意他不生气、不苛待我，但他就是这样做了。我现在明白了，这不是世界末日到了，尤其是只要我不整天纠结此事，什么事都不会发生。我选择——哪怕一开始要强迫自己选择——去想别的事，而不是用他的暴怒恐吓自己。"

问题：你的伴侣又发火了，摔门而去，或自顾自地睡觉去了，你耳旁回响的全是他的话，你能说什么来安抚自己的情绪？

新型的自我对话："他又来了，又是这一套——发完火，拍拍屁股就跑了。他又不只是仅这一次伤过我，我一直活在痛苦中。这一切该在此时此地结束了，他别想毁了我的日子，我也别想毁了自己的日子，我拒绝再来一个不眠之夜。他爱怎么想，就怎么想，爱干什么，就干什么，不关我事，我没必要往自己身上揽。我选择此时此刻不再想这事儿，我看书，泡个澡，带孩子们去公园，我只回味让我感觉良好的事。"

问题：你的伴侣似乎老是扫别人的兴，每当你感到幸福快乐时，他就会想办法扫你的兴。在这种情况下，你能对自己说什么？

新型的自我对话："够了！这一次绝不让他扫兴。之前已经发生过许多次这类扫兴的事了，我不会再让他的行为控制我的心情。我幸福，我感觉良好，我会一直这样下去！他说了什么，做了什么，都不会败坏我的心情，我选择不为所动。我要一门心思地体验自己的好心情，把他抛到脑后。"

问题：你努力不去想伴侣说的话，但没成功，想别的事不管用，让自己忙起来也不管用。你生自己的气，因为你沉溺其中，难以自拔。在这种情况下，你能对自己说什么？

新型的自我对话："我不会因自己难以释怀而打击自己，我的头脑习惯于用这种方式解决问题，但现在我明白了，强迫症只会败坏我的情绪，让我无法清醒地思考，我正在学一种新型的理性思考方式，能真正帮助我解决问题。同时，我不纠结，不气馁，把非理性的想法记下来，一一驳斥。当我的情绪不再跌宕起伏时，我纠结的事情就显得不那么重要了，这能制止我的胡思乱想。"

你有没有注意，当你习惯了用健康的方式与自己对话后，你的感觉好多了。终究有一天，你会觉得实操变得越来越容易了，对自己的掌控感也越变越强。

一开始，当你最需要进行健康的自我对话时，实践起来却很难。所以，当事情趋于平静时，做好笔记，把笔记多抄几份，放到随处可拿的地方，如床头柜和随身带的包里。（如果你想保密，须确保要的时候自己知道上哪儿去找。）反复阅读你的健康的自我对话，直到深信不疑。碰到日子不好过，偏偏又忘了要说什么时，就用你记下来的对话来帮助自己抚平心情。最终，你就能做到自动开启恰到好处的健康的自我对话。

走对抗的捷径

你一旦练习过如何对抗，就会对健康的自我对话不再陌生，就可以经常采取对抗的"捷径"把陈旧的非理性思想转变为新型的理性思想，不再需要——重复常规的对抗步骤。如何做？把你在对抗非理性信念时已做过的自我对话当作高效新型哲学的捷径版本。

比如说，你的伴侣为某事责备你——发生这种事已屡见不鲜。你做出对抗，并得到了一种新型的高效哲学。你哲学中的一些言辞可以用来帮助你回忆整个对抗过程。在REBT里，我们称这些简短的语句为理性应对性的自我表述。

你辩驳得太弱，你的高效新型哲学就效果不佳，你应对性的表述也会缺乏力度。言辞不强势，有效性就不持久。软弱无力的对抗听上去是这样的："即使我的男友认为我是在找虐，但被虐不是我的错，不是我自找的，而且，我不是一个可怕的人。"

你强有力地进行对抗，你的高效新型哲学就十分给力，那么，你应对性的表述就有说服力。强有力的表述产生持久的效果，强有力的对抗听上去是这样的："不管我的男友说什么，我绝对、肯定不能对这种虐待负责！完全不是我的错！我根本不是可怕的人！我不是，我不是，我不是！"

看到区别了吗？你需要把应对性的表述说得理直气壮、咄咄逼人，才足以让你得到想要的结果。

把应对性表述记下来，熟读多练，随时准备用于你的健康的自我对话。当你不受外界干扰时，大声地读出来，情绪饱满地一遍又一遍地朗读出来，并尽可能经常去做，至少一天三次，哪怕不好的事有一段时间没发生了。对自己需狠下心来，白日里反复斟酌，时常背诵，语气坚定，通过复习让自己深信不疑。不停地重复能助你对应对性表述烂熟于胸，只有这样，你才能做到信手拈来。

你一旦心情不好，就迅速把说给自己的非理性想法换成你的应对性表述。通常，你的非健康情绪会很快转成健康情绪。你越不停地把应对性表述融入你的大脑和心灵，你就越能充分吸收REBT哲学思想，让其更快、更好地为你所用，以备不时之需。通过一段小小的练习，恰当的话语就能脱口而出，取代说给自己的不健康的东西。就这么简单，就这么给力！

理性的应对性表述帮助你集中思想，迅速提醒你关注你的新型哲学，强化你的新型的理性思考习惯。应对性表述会成为新的自我对话中的重要组成部分，意味着你可以与内心里为你鼓劲的新挚友对话，而不是与内心里太长时间以来一直伤害你的老敌人对话。你会为之惊艳——你的情绪变好了，你轻而易举地表现出健康、理性的行为。

以下是一些应对性表述的事例供你启动健康的自我对话：

● "我男友通常的行事作风不是我想要的，太不妙了！"

● "男友的赞同我也不是非要不可，但是，我更愿意他能赞同我。"

● "没我的放任，他言语上侮辱不到我，影响不到我的心情。"

- "他伤不到我，只有我自己可以。"

- "我行为软弱，不敢跟他硬杠，也离不开他，但即便如此，我也从来不是胆小鬼。"

- "受虐确实是问题，因为这，我的生活困难重重，但我肯定不会把困难变成我一生中的噩梦！"

- "这不可怕，只是太不好了，太不好了——因为我能处理好。"

- "我不会让这件事败坏我的心情！心情不好只会把事情弄得更糟糕。"

- "我肯定不会让自己分析来分析去，不管怎么说，虐待就是虐待！"

- "停下！我绝不会瞧不起自己！我的行为不代表我这个人！不管是什么情况，我都是好人，有价值的人！"

一旦你能自如地使用理性的应对性自我表述来支持你的高效新型哲学，接下来你就可以用缩略语来代表你的表述。想出一个能代表你应对性表述的，容易记忆的短句、短诗或词组，这特别管用，因为你记得牢。把短句当口头禅在心中默念，或大声喊出来，清晰而响亮，养成在平日里对自己一遍又一遍地重复的习惯。

你也可以召唤这些宝贵的语言来助你渡过难关，比如你的伴侣又开始了他惯常的"恶劣表演"，比如你的强迫症发作了，你念念不忘、耿耿于怀，比如你心情沮丧的时候。这些宝贵的语言可以使你的痛苦思维短路，帮助你的理性思维即刻回笼。把这些我们提供的宝贵语言学到手，或者，你也可以自创一些出来，无论何时你感到需要它们了，就坚定不移地一遍又一遍地重复给自己听。

- "好吧，他又来了，又是那一套。"
- "哪怕有一分钟受伤的感觉，我都觉得在浪费生命！"
- "我认为自己强大，我就是强大。"
- "他可以责备我但不能羞辱我！"
- "他生气了，我伤心了，但我不是坏人！"
- "他行事像个疯子，但我不会放在心上。"
- "我没事，是他有事。"
- "我不吃他那一套！"
- "他这么讨厌，我走开就是！"
- "我给自己的祝愿就是不陷进去。"
- "我才是自己的主人，我如何行事，我说了算。"
- "只要我有想法，我就有可能让这一天青睐于我。"
- "做自己的挚友，以便修复我甜美的小小自我。"

　　我（马西娅·格拉德·鲍尔斯）想告诉你的是，不知有多少次我唤来了这些招之即来的理性的应对性自我表述，助我度过人生中的波澜起伏。然而，看到一个短语或短句就能迅速改变我的心境，我依然为之惊叹，语言的力量不可小觑啊。应对性表述帮我放下一切，随遇而安，换位思考。

我常用的应对性表述对我的生活影响巨大，使我避开了"可怕""恐怖"这些字眼给我带来的不必要的恶劣心境。当我第一次了解到这些词儿多么具有破坏性时，当我开始倾听与自我的对话和每天的言论时，我惊叹自己使用应对性表述的频率是如此之高。

多少年过去了，每当我忘记了语言的消极力量，开始向自己描述某事有多可怕、多恐怖时，我就会很快反应过来，戏谑地说："哦，也不是真的可——怕，只是太不妙了。"于是，我朝自己会心一笑，想起来我是有权决定自己的感受的。哪怕非常、非常糟糕的事发生了，只要不对自己说可怕、恐怖，只要不对自己说我忍受不了了，我都能应付裕如。应对性表述帮我度过了人生中的艰难险阻。

你也可以利用REBT捷径去掌控自己的情绪，这些都是你余生用得上的趁手工具。想象一下，在你的伴侣大发雷霆的时候，你泰山崩于前而不变色，冷静而坚定地说："瞧，他又来了。他要发疯，我可不会屁颠屁颠地跟他一起疯！"于是，你会心一笑，知道掌控情绪的权柄握在自己手中。

你的新型生活哲学

如果你坚持对抗，选择走捷径，把自我对话运用起来，你就会对自己产生良好的感觉，在面对你的伴侣或是其他施虐者施加语言暴力时，也不至于脆弱到不堪一击。不仅如此，这还意味着你开始用全新的大局观来看待你生活的方方面面。

当你把对抗进行下去，一次又一次地向自己展示何种思考能发挥作用而何种思考不能时，这种大格局的新型哲学就自然而然地形成了。管理好你的情绪，让理性生活成为你的一部分后，你就能安然渡过哪怕是最惊心动魄的难关。

即使你决定留在虐爱关系里，你的对抗也会把你引向这种新型哲学，在不知不觉中，你会相信你对自己说过的话：

"我非常不喜欢老公的施虐，决心使用各种健康手段制止这种行为。我也会尽可能地让自己和孩子们少触他这个霉头，继续练习情感ABC来减少被虐造成的非健康负面情绪。就目前而言，我出于自身原因留下来承受他的施虐——只要没发展成身体暴力。施虐是他的错，他就是没良心！他没良心并不意味着我就该悲苦凄惨。如果我不把他的施虐当回事儿，尽管他对我不好，我还是能利用他的某些方面和我们的关系过上好日子。我能行，就再好不过；我不行，那也没关系。无论是哪种方式，我定能过上幸福的生活——当然，如果他不再施虐，我会更幸福。"

"他的行为一旦影响到我，我就提醒自己，我已选择不为之痛苦，不会任由他的怒火败坏我的情绪，或阻止我过自己的日子。我会爱自己，对自己温柔，让自己跟关心我的人、愿意与我分享的人打成一片。我会庆贺自己的独特之处和内在力量，会敞开心扉，让自己看见鸟儿在唱歌，星星在闪烁，春天的花儿在怒放。"

如果你打算分手，你会对自己说：

"我试过了能想到的所有办法改善自己的处境，但都不管用。我也尽力让自己感觉良好，这点我做到了，但这还不够，我不想每天活得太累，我还有大把的日子要过，不想浪费在渣男身上。我想试试能不能得到一块完整的蛋糕，得到无痛的爱情，不咬人的温柔，我想要别人的关心和分享——我要和平。"

"即使离开并重新开始新的生活会遇到困难，但我会提醒自己，我愿意承受短暂的不适。这种不适终究会消失，我会重获爱情。同时，我会爱自己，对自己温柔，让自己跟关心我的人、愿意与我分享的人打成一片。我会庆贺自己的独特之处和内在力量，庆贺自己能自主选择任何一种生活方式，我会敞开心扉，听鸟儿歌唱，看星星闪烁，看春天的花儿怒放。"

你终于了解了如何把REBT哲学和技巧付诸实践，了解了无条件的自我接纳和健康的自我对话可以改变你的世界。在下面两章里，你会学到克服恐惧的技巧，这种恐惧造成你无法对你的人际关系、你的生活、你的将来做出理性决定。

第
四
部

创伤与复原:

走出情感操控的阴影

12

克服分手后的三大恐惧

在恐惧的作用下，你想分手都做不到。重要的是，你需要在不让自己的远见卓识蒙上恐惧阴霾的情况下评估你的处境。只有这样，你才能有条不紊地规划你的爱情和生活；只有这样，你才能在是否愿意承担改变的结果上做出理性而不是感性的决定。

有时候，留下的理由很充分，这只取决于你的决定。但不管你最终决定留下还是分手，你仍然应该克服恐惧，因为，只要你对离开这段关系感到恐惧，就不是理性在支配你的决定了。如果你克服了恐惧，仍然决定留下来，你这样做就是出于理性的考虑，认为这是对你最有利的选择；如果你克服了恐惧，决定分手，无惧的心态会给你带来你追求的分手后的心灵平静。你的新生活将是一场激动人心的冒险，而不是惶惶不可终日的琐碎日常。

这一章要讨论让受虐者最不安的三种恐惧，并引导你通过"思考"和"行动"来摆脱恐惧。我们先来谈谈威胁大多数女人生活的恐惧：害怕独处。

害怕独处

你可能认为遭受语言暴力的女人愿意独处，至少愿意暂时独处，避开伴侣的言语攻击。但成千上万的女人害怕独处，害怕有可能要面对漫长痛苦的孤独岁月。就因为这样，她们常常跟渣男待在一起。

她们没意识到的是，从方方面面来看，她们已经是独自一人。也许，最坏的独处是你没有独居但人已不在你身边——不在你身边一直爱着你、欣赏你、理解你、做你的朋友。你毫无疑问地感受过这种孤独，不爱你的伴侣近在眼前、触手可及，心却远在天边。

显然，有伴侣不能保证有稳定的相濡以沫，只保证有更多的虐待。难道单身生活里还有比这更坏的情形吗？好好想一想吧。独居的生活里不再有鄙夷，不再有大吵大闹，不再为他指缝里漏出的"丁点儿"爱意而驻足，不再在期盼、等待中耗费生命。你可以卸下负担寻找另一位能给予并接纳真爱的伴侣，一份能滋润你生活的爱情。那是一个可靠的快乐源泉，而不是苦水满溢的源泉；那是一份充实而令人心满意足的爱情，而不是空虚而令人沮丧的苦情。

莱斯莉是一位接受REBT治疗的患者，她终于做到了敢于直面独处的恐惧。从她18岁交男朋友到30岁正式结婚，莱斯莉独居的时间很少超过几个星期。一旦身边没有男人相伴，她就感到无所适从，认为自己一无是处。当她谈恋爱时，她感到充实，活得有价值；当她不谈恋爱时，她感到空虚、一无是处、寂寞难耐。因此，虽然莱斯莉有好的工作，经济独立，但她太害怕孤独，以至于不断招来渣男的觊觎。

汤姆则不同。莱斯莉在一场车祸中得到了汤姆的救助，他是一个把她送到急诊医院的急救人员，他俩一见钟情，火花迸发。她只受了点小伤，出院时，他已在那儿等着她了。莱斯莉很快坠入激情澎湃的爱河，汤姆跟她饮酒作乐、共进晚餐，送给她精心挑选的小礼物。他太棒了，太迷人了，而且，他从不放弃，频繁给她打电话，几乎每天要见她。于是，他们同居了，两个月后，汤姆想娶她。莱斯莉的朋友告诉她，这太急了点，要她缓一缓。她知道朋友们说得没错，但她"在热恋中"，害怕不答应他，他就会离她而去，她又会是孑然一身，这是她难以面对的。

结婚后，汤姆的行事作风完全变了样儿——变成了一个一碰就炸的陌生人。在那些日子里，他对莱斯莉横挑鼻子竖挑眼的——一会儿嫌她话多，一会儿嫌她话少，一会儿指责她做得太多，一会儿指责她做得不够。工作压力越大，他就越口不择言。

好日子越来越少，但莱斯莉为了好日子咬牙坚持着。如果不曾有过幸福的日子，她也就有理由考虑分手了。虽然她有一份好工作，没有孩子，经济上能养活自己，但每当分手的念头在脑海里浮现，莱斯莉就感到恐慌。

如果莱斯莉只有欲念，她会过得恣意潇洒。她可以离开汤姆，享受跟不同男人约会的乐趣，直到她遇上她的白马王子。但她没有欲念，她要的是朝夕相处，这对她来说是刚需。没了这段关系，她就感到孤独，可怕的孤独；感到空虚，可怕的空虚。

于是，莱斯莉没有离开汤姆，在他的言语侮辱中过着痛苦不堪的生活。如何破解？把她的刚需换成仅仅是强烈需要。她有两个非常强烈的"必须"，一个是"一直以来，我必须有一个稳定的男伴，不然的话，就证明我是一个有缺陷的、毫无价值的人"；另一个是"身边没男人，我就感到特别空虚，特别孤独，我必须有男人，非有不可。没有男人，我就受不了，光想到这点就叫我受不了，这真是太可怕了"。

让我们来看看REBT治疗法如何能帮她看到自己不同层次的需求，做出新的、更好的选择，给她的生活带来生机。

我（阿尔伯特·埃利斯）是这样处理莱斯莉的两个"必须"的。首先，我告诉她，虽然建立健康的男女关系是值得争取的目标，但她的人生价值不取决于夫妻关系。她要透过别人的爱慕、关怀和赞赏来确定自己是否有价值，是因为她不觉得自己是有价值的人。当她对自己感觉良好，全盘接受自己时，她就不会在没有男人的情况下感到特别孤独、空虚。她可以想要一个男人，并从中获得乐趣，但不是非要不可。

我向她解释了两种无条件的自我接纳哲学。她可以选择仅仅因为她是好人，就把自己看成一个好人，或者，她也可以选择把自己看作既不好也不坏——不管她在与男人交往上有没有成功实现自己的目标。

至于独居和身边缺少男人带来的不适感，我告诉她："你喜欢出双入对的生活完全合情合理，但得不到你想要的，这不可怕，你完全能承受，生活中有许多其他乐趣。所以，对自己想要的，不一定就非要不可，得不到就觉得天塌下来似的，实在没有必要。你目前没有男友，你可以感到遗憾，但稳定的男女关系只是你想要的，不是刚需！当你不再急吼吼地寻求男友，友情也能让你摆脱寂寞的感觉，当你重新找到了心仪之人，那也只是因为你想要他的陪伴，不是非要不可。"

　　莱斯莉的陈旧的非理性信念是身边必须有男人，她的人生才有价值，所以她迫切需要异性陪伴。当我和莱斯莉成功地对抗了这种信念和迫切需要时，她就可以离开汤姆了。拥有这样的男人毫无成就感，这简直是弄了个祸害在身边啊，肯定无法让她拥有人生价值。

　　莱斯莉决定不管她是有所成就还是无所成就，她都接受自己存在的合理性。采纳了这种哲学思想后，她反而比从前更成功。她培养了新的兴趣，交上了有趣的朋友，很快就又有了几个男友的合适人选。当她有一段时间没有男伴，回家看到空荡荡的房间时，莱斯莉感到遗憾、失望但不绝望，也没有空虚的感觉。她仍然想生活中有男人相伴，但不再觉得这是刚需。

你可以在生活中想要男伴，但这不是刚需

　　如果你害怕独处，仍然与施虐男伴生活在一起，你可以相信自

己绝对不是非他不可，并用以下内容反复提醒自己，直至生出强烈的信念：

1. 你的人生价值取决于你，不取决于别人对你的爱，更不取决于他们的恶意相伴。

不管有没有伴侣，你有价值仅因为你是你。无条件地接纳自己，你就无须靠别人的认可来感受自己的价值。

2. 如果你分手了，叫你难以忘怀的是虚幻的童话，而不是现实。

继续跟你的施虐伴侣生活在一起意味着你抓住的是无法成真的童话，你是活在幻想中。如果你决定离开，难道真的会留恋这样的生活：大部分时间都在恶劣情绪中度过，只为那点零星爱意而坚守？难道这就是你一直想要的吗？别不相信这点，与跟施虐伴侣黏腻在一起相比，独处更有机会填补你的空虚。

3. 你的伴侣不是你的"唯一"。

你可能以为如果你分手了，你会失去生命中的真爱，再也得不到你认为是刚需的兴奋感和激情，你的伴侣似乎有魔力将你俩的命运永远拴在一起。然而，这样富有张力的激情往往只是让人上瘾的东西，却被误认为是爱情。

如果你认为你的伴侣是你在这个世界上唯一的性爱对象，那么，你着迷的只是一个假想而不是事实，你一门心思要把这个假想变为事实，最后终归会被迫放弃。你只是在写一个虚幻的爱情故事。

另一个接受REBT的患者爱伦，也使用过对抗技巧来改变她的非健康思维模式。她以为彼得是唯一真爱，这构成了她对他欲罢不能的基础。哪怕遭到他的语言暴力，她都不敢想生活中缺了彼得该怎么办。

在治疗中，爱伦学会了该做什么。一开始，她上百次地拼命对自己说："我生活中不是非有彼得不可，我想要的并不是我必需要的。我喜欢这段感情，我更愿意维持这段感情，但这只是因为我执意认为没有他不行，他对我来说才变得不可或缺。"

她逐步把对彼得欲罢不能的念头转换成非常想跟他在一起，而不是非跟他在一起不可。这样一来，她终于在精神上独立了，对彼得的依赖减少了，她也因此能更好地处理他们之间的关系。她明白留下还是分手只是一道选择题而已，彼得也不是她唯一能够爱上的人。

4. 一个人过也不错。

当然，身边不缺男人有诸多好处，但一个人过日子也很舒服，只是方式不同而已。你几乎可以想做什么就做什么——看望朋友、培养兴趣、旅游，你可以上班，打理自己的财务，抚养孩子——完全不需要伴侣的帮助。

虽然有人帮忙，事情要容易得多，但你不是非要帮忙不可，没人帮忙，你也能很好地生活下去。你忍受独居的不便时仍然可以料理好生活，有大把的时间自得其乐。事实上，你更自由了，有可能找到更多乐趣，没有人会再用焦虑和痛苦黑化你的生活。

5. 独居并不意味着爱情缺席、无人相伴，或缺少性生活。

独居一开始是不容易的，也不是没有痛苦的，但在有人相伴的情况下，你的生活就已经是艰难而充满痛苦了，而你独自一人的时候，你可以结束这种痛苦。你压根儿想不到当无人给你找气受，把你打击得七零八落时，你有多轻松。你能很快学会欣赏岁月静好，很快找到新的冒险、新的人来填满旧日的空虚。这难道不足以让你对生活满怀期待吗？

你可能认为除非身边有男人，否则你无法享受生活，做多少事都没用。没有男人，晚霞也不美了，促膝谈心也满足不了你了，度假也不是"真的"度假。但是，独居并不意味着没有人跟你分享日常事务，世界就变得黯然失色，轻松的乐趣、友好的相伴、浪漫的爱情通通永远离你而去。独居意味着你把注意力从爱情转向其他类型的满足人心的关爱。

我们可以告诉你——就像你的朋友们告诉你的那样——你不必一直独居。世界上有亿万人口，其中一半是成年人，许多人跟你一样渴望陪伴和爱情，许多人跟你在这些方面都志趣相投：书籍、电影、音乐和锻炼身体。你可以走出家门去寻找结交机会，上课、参加心理治疗小组、加入俱乐部和各类组织，参加单身人士的活动。朋友就是这样结交的，不靠遍地撒网，而是靠不轻易撒手，不轻易撒手能帮你找到看对眼的人。

对长期没有性生活感到害怕，这不是灭顶之灾，因为"全新的你"正在走进新世界。在这个新世界里，爱是多元的。对自己特别想做的事倾心投入，就是一种爱的形式。你可以爱工作、艺术、音乐和社会公益活动，这些事都能产生成就感和满足感。但是，你只有不再沉溺于自己的回忆和痛苦，才有心思做其他事。这使得我们想起一个简单的物理定律："同一空间和同一时间里不能存放两个物体。"你应该释放痛苦，为愉悦腾地儿。

不管你是结束这段关系去过独居生活，还是仍然跟你的施虐伴侣在一起却独守空房，只要你不再觉得缺了男人不行，你就能活得更好。

四个减少害怕情绪的步骤

帕姆恨透了老公的语言暴力，同时，她又害怕分手后会孤独寂寞。她完全能够照顾好自己，却深信如果她离开后去独自生活，那情景肯定不尽如人意，不会再有人爱上她或需要她。其实她和克雷格已多年没有性生活，他说她又老又胖，早就没有了"吸引力"。

如果你的经历跟这位陷入绝境的女人相似——不是被你的伴侣困住，也不是受到经济条件的限制，而是害怕离开他后会孤独终老——你能做什么？

你可以利用REBT技巧来摆脱非理性恐惧，正如你用同样的技巧改变非理性信念一样。你的恐惧是建立在信念基础上的，比如，你毫无道理地害怕独居，这多半基于这种非理性信念：独居太可怕了或太难忍受了。

以下几个步骤可以帮助你应对你可能产生的恐惧，这些步骤跟你前面学到的差别不大，正好可以好好复习一下。我们以害怕独处为例。

步骤一：让自己充分体验焦虑心理。

不要把自己的焦虑心理藏着掖着，承认这种心理，感受这种心理，深度探测这种心理。注意，在大多数情况下，这都是正常的心理状况。虽然不是所有人在你的位置上都会产生这种心理，但成千上万的女人都能与你共情。你不想独居，特别是在你的社会环境里，独居不是常态。你习惯于跟一个男人在一起生活，多年来一直如此，你也的确需要陪伴、经济保障、性生活和其他同居的好处。你怎能不留恋这些东西？你怎能不感到恐惧——因为也许你再也得不到它们了？

你的许多恐惧都是正常的，相当健康的。别因为你的恐惧而瞧不起自己，诚实地承认自己的害怕，让自己去真正感受这种情绪。你害怕了，仅此而已；你极度害怕，惊恐不已，也仅此而已。就任由自己去体验吧。

步骤二：想想你说给自己的话里哪些催生了你的消极情绪，对自己说的话负责。

你可能会说这样的话"我绝不独自生活，因为这太可怕了，我难以承受"。倾听你说给自己的话，对说过的话负责。也许遭受虐待使你不那么自信了，你开始害怕许多东西，包括独居。好吧，你的施虐者营造了一个让你逐步失去安全感的氛围，我们要认识到这点，他对虐待负有责任。

但是，恐惧的生成是不是也有你的一部分责任？是不是就包含在你说给自己的话里？你是不是对缺乏安全感也要负责？你是如何助长自己的极端恐惧的？事实上，如果你没因受虐而变得懦弱，你还会害怕孤身立世吗？或许你一直都在害怕独处。仔细审视一下你的自我表述，看自己在这个问题上该负多少责任。不论施虐男友说了什么或做了什么，至少这部分是你可以操控的。他可没逼你说"再也不会有人爱我了"。看吧，你说给自己的话把自己吓瘫了，什么也做不了，并把你变成了自己生活中的受害者。

步骤三：寻找强加在你偏好上的应该、必须、强烈要求，承认这都是不健康的。

不健康的应该、必须、强烈要求放大了你的非理性信念并对你施加长期影响。同样，这些应该、必须、强烈要求也放大了你的恐惧并对你施加长期影响。当你对自己说出高要求的话语"我绝不独居，必须不独居，因为这太可怕了，我肯定难以忍受"时，你在向自己发出不健康的令人心惊的信号；当你对自己说"更愿意、更喜欢……"时，你在向自己发出健康的令人心安的信号"我更愿意不单身独居，但真到了这一天，也不是世界末日到了；但真到了这一天，也不可怕、可怖；但真到了这一天，也可能只是暂时的。"

如果你偏好于什么（更愿意、更喜欢……），而不是非要什么不可（强烈要求），那么，你应付最害怕的事情——比如孤独或其他事——的时候就留有可选择的空间。你可以操控偏好，想办法与偏好和平共处，但强烈要求（非要不可）只会使你惨淡度日。

把审查你的应该、必须、强烈要求进行到底，不要半途而废，看看它们是如何造成你的恐惧的，由此认识到如果没有这些言辞，你很有可能不会有这些情绪。

步骤四：强有力地对抗你的应该、必须和强烈要求，找到理性、自助性的回答，或高效新型哲学。

坚持做步骤二、三里提到的事，分清楚你的理性和非理性信念及恐惧，对抗非理性的东西，获得高效新型哲学。

（陈旧的）非理性信念："我绝不独居，必须不独居，因为这太可怕了，我肯定难以忍受。"

对抗："独居就那么可怕，我就那么受不了，这从何说起？"

回答（高效新型哲学）："独居太可怕，我受不了之类的，根本没这回事儿。我只怕会觉得独居一段时间不是坏事，说不定我还会喜欢上呢。我可以享受独居的宁静，集中注意力做想做的事，找到真正喜欢我的人相伴，哪怕这些人并不一定是真心实意的。独居也将给我的生活带来一点新意，一切都挺好玩的。虽然我更喜欢有一个长期伴侣，但独居也不是不能接受，我仍然会幸福并享受到生活的方方面面，不必继续用独居来恐吓自己。"

对抗："如果我抓住我的陈旧的非理性信念不放，会是什么结果？""这种念头能让我得偿所愿吗？""能让我随心而动吗？"

回答（高效新型哲学）："抓住不放的结果是难以对去留做出理性决定。如果我离开了，心里却还惦记着我的陈旧的非理性信念，我就会一直忧虑，一直不幸福。这样既不会让我得偿所愿，也不会让我随心而动。"

结论："因为我现在认识到我的陈旧的非理性信念缺乏逻辑性，不会让我得偿所愿，反而会对我产生破坏性影响。我要抛开这一切，用新型理性信念取而代之。"

（新型的）理性信念："我可能更喜欢不过独居生活，但真要过也不可怕，我可以受得了的，说不定我会喜欢上这种生活呢。"

讨论过独居的恐惧后，我们打算讨论另外两大分手的恐惧——害怕变化和未知事物。

害怕变化和未知事物

大家都赞赏这种人——他们有勇气抛开熟悉的一切去尝试新事

物，比如在中年改换职业，或搬到陌生的城市居住。但大多数人在很大程度上都是习惯的产物，虽然喜欢冒险、刺激，但也在按部就班的常规生活中感到舒服自在。因为周围是熟悉的环境，他们已养成自己的节奏，哪怕日常生活不尽如人意，也不会那么容易改变。

人们越缺乏安全感，就越需要熟悉的模式带来的稳定性，就越不期待突变事件发生，处在虐爱关系中的人尤其如此。相比于变化和未知事物，他们的关系一旦成为熟悉的日常惯例后，似乎就不那么痛苦了。无论这种日常惯例有多不好，总有那么几天不那么难熬。担忧变动会引来更坏的情况，这就是为什么受虐者常常不愿抽身离去，他们相信未知的不幸比已知的不幸更恐怖。

凯茜就是这样想的。改变生活方式，冒险尝试新事物对她来说是不得了的"危险"概念。她遭受老公托德的打击实在太多了，那些她学会的改善处境的技巧都无法实施下去。他出言折辱她时，她连走出房间的力气都没有。凯茜太害怕了，她知道要有所改变，但每一次想到要用不同手段对付托德时，或幻想离开他时，恐惧就让她的计划胎死腹中。如果她什么都不做，以后会发生什么，至少还在她的意料之中。

凯茜如何克服她对改变的恐惧，而你又如何克服呢？令人意想不到的是，就是靠改变，靠抽身离开来改变夫妻关系和生活。这一切所带来的恐惧与其他大多数恐惧无异。当你害怕做某事时，造成你害怕的是你想象出来的可怕后果。你坚信这些后果中哪怕有一个落到你头上，你都无法抵挡。当然，真的危险不是不会出现，比如骑自行车时，你可能会摔下来受伤；用不同手段对付你的伴侣，他会生气；离开他，你会寂寞孤独，或又遇上另一个施虐伴侣。如果你在自己的脑海里任由这些危险的想法笼罩你的生活，你就压根儿不敢骑自行车，不敢与你的伴侣对峙，不敢离开他。

可是，害怕变化本身就是一种危险。不骑车、不与伴侣对峙、不离开他只会增加你的忧虑，你越拖延行动，就越难行动起来。解决方法就是强迫自己去做害怕的事，把种种不适感都体验一遍，再来看看不管发生了什么事，你能做到哪一步。大多数"危险"都没你想象得那么严重。

总之设想一下，如果你不认为你的伴侣会动手打你，那么当你改变了应对策略时，他的反应也不会比以往更暴烈。他可能嗓门更大了些，发怒，耍脾气，冷言冷语，不理你，至于这场冷战会持续多长时间，谁也说不准。但说得准的是，不管你是否会与他对峙，他只会越来越渣。

既然对改变的担忧实际上是害怕你对处理新情况、新条件没有把握，那么，减少担忧的最佳方法就是强迫自己改变生活中的某些东西。敢做敢干的勇气就像身体的肌肉，只有通过练习才会粗壮起来。你必须冒险一试，用暂时的难受换来最终的舒服自在。

所以，为了获得直面生活的勇气，去做你害怕做的事吧。认真地想一想做这些事可能会出现的结果，然后，想一想不做这些事的隐患：萎靡不振，焦虑难安，裹足不前，在无边的焦虑和浑浑噩噩中消耗自己的生命。想一想究竟哪一种才会带来更大的不幸，是摆烂还是适当地冒险？

从小处着手，如改变某些日常惯例，走一条新路去上班或去新的市场，做一些你感到不自在的小事：排队的时候找人说说话，参加一个谁都不认识的会议，独自去看一场电影，或独自去饭店吃饭。你会看到你不仅在这些体验中活得有滋有味，而且你的处事能力也比自己想象的要强得多。当你进一步去改变其他事物时，你有可能犯错，但能从错误中吸取教训。这时候你就变得强大起来，甚至能开始享受注入你生活中的新事物。

凯茜就是从小处着手进行改变，最后取得了巨大的成功。她害怕改变与托德的相处模式，更害怕离开他，她在治疗中学会了在与大恐惧对抗前，先强迫自己做一些不那么吓人的微小改变，练练胆子。

因为凯茜几乎一直不善于跟不认识的人打交道，她决定碰到平常不认识的人时，改改自己的反应。她知道自己会紧张地想不出要说的话，所以她事先准备好方案。于是，在银行或市场排队时，她一反常态，不再一言不发，而是主动跟人搭讪："今天这个队太长了，是不是周五都这么忙？""我喜欢你的发型，不介意告诉我，你去的是哪家理发店？"凯茜很快发现大多数人都很和善、很友好，她真的开始享受这些聊天。

有了更多的勇气后，凯茜决定下一步就是克服自己的胆怯。这种胆怯来自跟那些她认为地位比她高、教育程度比她高的人打交道。她加入教会的一个女性小组，强迫自己为一个委员会提供服务。这个委员会的成员都是通常叫她不知所措的那种类型的人物。

在第一次委员会会议上，她感到十分不安，一直没敢搭话，直到快结束时，她不得不回答了一个问题，发现自己"没有当场身亡"，也没有人为难她。事实上，其中一个女人说："说得好，我都没想到这点。"在下一次会议上，凯茜强迫自己问了一个问题，并谈了自己的想法，她惊喜地发现，那个女人随后向她讨教在其他事务上的见解。几次会议后，尽管她仍像过去那样害怕被拒绝，但她已开始结交朋友。

在成功改变自己的行为并战胜恐惧后，凯茜感到自己开始变强。于是，她打算冒更大的险，给自己的生活带来更大的变化。她用新学的沟通技巧寻找更好的工作，她以前是前台接待员，缺乏职业技巧，现在则试着去应聘行政助理的工作。她发现，以她目前的知识水平和职业经验很难应聘上。于是，她选修社区大学的夜校课程后再去应聘，被拒绝了几次，但她没有放弃。又被拒绝了多次后，她终于坐上了行政助理的位置。一开始，凯茜在工作上缺乏自信，但她坚持下来，很快就上手了。

随着害怕变化、害怕尝试新环境的感觉减弱了，凯茜终于能够直面托德，告诉他，如果他继续对她施加语言暴力，她不会再逆来顺受，而是会一走了之。一开始，托德震惊不已，对她的态度也好了点，但很快又故态复萌。这一次，凯茜真的离开了。

环境突变叫凯茜感到诸多不适，但她没有回到托德身边。克服恐惧交了几个同性朋友后，她受到了鼓舞，也交上了异性朋友。几个月后，她的心情由阴转晴，奔向恣意潇洒的新生活。

托德害怕永远失去她，一反常态地对她温柔小意起来，就像当初热恋时他对她的那样。他发誓他得到了教训，定会好好补偿她。对凯茜来说，回到他身边的诱惑不可谓不大，但凯茜没有被迷惑。她见过女友在同样的情况下回到施虐伴侣身边，只得到了这么一个结果：那些伴侣又开始了他们的谩骂欺辱。最后，凯茜告诉托德不要再给她打电话了，他们离婚了。

你有可能永远习惯不了新的变动，也有可能习惯并爱上这种变动。无论是哪一种，你至少克服了变动带来的巨大恐惧感，不再感到深陷泥沼，难以脱身。每一次你成功地做到了处变不惊，你就变强了，不那么害怕了。一旦看到自己应付裕如，看到变化改善了你的处境，你就有勇气采取行动。

这一章已开启推倒恐惧之墙的程序，就是这面墙让你做事有心无力。这面墙由不同的恐惧组成，夯实得紧，你都无法对单个恐惧逐一分辨。但如果你把恐惧单列开来，你就可以逐个击破。

在转向下一章之前，对抗一下自己的恐惧，你可以利用185页上的例子作为指南。接着，我们将讨论另一类型的恐惧，就是这些恐惧萦绕在女性头脑里经久不散，助纣为虐，让这些女人无法脱离虐爱关系，不然的话，她们早就可以一走了之。

13

平息其他阴魂不散的恐惧

即使你已开始使用REBT技巧，即使伴侣喋喋不休刀子般的叫骂声已不像从前那样让你焦虑烦闷，但你的自言自语仍然会翻江倒海地折腾你自己，而抽身离开的念头则会带来新的可能性，叫你恐惧，叫你焦虑。

大多数削弱意志的恐惧都是无理性的。它们在安静的时刻，悄悄溜进你的大脑，给你带去令人不安的生动画面——你在为放弃"白马王子"而苦恼的画面，或者，他神采飞扬、容光焕发地跟新欢在一起的画面。这些挥之不去的恐惧会让你陷入瘫痪，无法离开他。正如我们所说的，如果你要在去留问题上做出正确的选择，必须让理智而不是恐惧占主导地位。在这一章里，我们将帮助你阻止这些野草般疯长的幻象来决定你的将来。

害怕难以承受分手的痛苦

不管是在情感还是在现实方面，离开施虐伴侣可能会在你的脑海里形成压倒性的恐怖画面。你既害怕伴侣不在身边的痛苦，也害怕没有他的日子里你制造出来的痛苦。

我们先考虑他不在身边时的情感痛苦。不管他之前怎样虐待你，一想到他将彻底从你的生活中消失，仅仅这个念头就能引起惊涛骇浪般的内心反应，尤其是你觉得你还爱着他的时候。一想到你要放弃的是在你眼里这一辈子的幸福童话，就足以让你喉咙发紧，胃里翻腾，泣不成声，你认为你承受不了这种损失。其实，你可以的。其他人能做到，你也能做到。如何做？靠的是使用你新型的REBT工具去操控你的思想，靠的是提醒你自己，救自己于水火优先于照顾自己的激动情绪和不安。

玛丽莲就做到了，并为我们树立了一个好榜样。她在虐爱关系中滞留多年，因为她害怕离别的痛苦，每当她想到要离开，情绪就会失控。虽然每个人的故事有所不同，但玛丽莲感受到同样的孤独寂寞，同样的来自丈夫言语攻击的痛苦，同样的忐忑不安——不知下一刻又会是什么光景。她同样像你一样，也担忧孩子们的幸福问题，担心离婚后经济得不到保障。同时，她还存有别的情愫——对丈夫难舍难分、欲罢不能。这种感觉如此强烈，以至于她不敢想分手后她还能不能活下来。

不像其他具有相同处境的女人，玛丽莲有一个十分趁手的工具：REBT。当她遵守REBT原则，运用REBT技巧时，她觉得一切都拨云见日、豁然开朗。她终于了解了，丈夫只是让她上瘾的情感毒品，也了解了，她的想象力为她制造了种种最坏的情况，而她害怕的是她要同时面对所有这些最坏的情况。难怪她会晕头转向、不知所措。

但她做足了自己的功课，对抗自己的恐惧，把离婚的好处、坏处一一列出，一边思考多年的痛苦，一边展望自己的未来。接着，她深吸一口气，决定不再瞻前顾后，而是自信地迈出一大步。她的丈夫拒绝分开，她就带着孩子们搬到她父母家。她看上去似乎陡然失去了一部分天地，她的生活也掀起了天翻地覆的变化。

最初几天玛丽莲过得艰难、疯狂、不同于以往，她失落、追忆过去、哭泣，反问自己："我错了吗？如果我得不到足够的生活费和孩子的赡养费，我能养活一家人吗？我的孩子们一切都好吗？没了他，我又是谁？我能把日子过起来吗？"

出乎意料的事情发生了，她注意到孩子们开始叽叽喳喳，有说有笑：他们不再担心每晚从大门进来的是"什么"，没有人冲她大叫大喊，她也不再战战兢兢。不久之后，她花在回忆和哭泣上的时间越来越少，花在经营自己新生活上的时间越来越多。

她找到了工作，为自己和孩子们找到了一套公寓房，也找到了平静和安宁。她把围着锅台转变成了旅游和叫外卖，把只有网球加眼泪的豪华度假换成夏日周末下午的沙滩乐。她已恢复正常，知道日子会越来越轻松，好日子已经来了。

害怕自己无法忍受伴侣另结新欢

哪怕他伤你入骨，哪怕你最终已经到了不再需要施虐伴侣的地步，你仍然不敢想他要是有了别人怎么办。一想到曾经那个翩翩公子落入另一个女人的怀抱，你时常涌上来的痛苦回忆就倏地蒸发了。这不得不叫人瞠目结舌。

斯泰茜就遇到过这个问题。她跟埃里克度过了三年的幸福生活，他们的爱情、友情、性生活、社交生活——无一不是棒极了。虽然他会时不时地为一些小事抽风，但她认为人人都有坏心情的时候。接着，他变得喜怒无常。一开始，她原谅了他，认为他可能是工作压力太大。

当他的生意面临更多竞争开始下滑时，当斯泰茜的收入高于他时，埃里克彻底变了，过去的一切美好都消失了——除了性生活。不知怎的，他认为这都是斯泰茜的错。他似乎抑郁了，对他的生意问题心怀郁怒。他开始看她极不顺眼，不说他自己不好，反倒处处挑她的刺儿。有关她的一切，那是过去他赞美不已的，可现在都成了他的批评对象。她兴致勃勃安排的社交活动在过去一直带给他许多乐趣，可现在呢，他开始责怪这些活动占用了他太多的工作时间，增加了家庭开支。他在生意上展露的聪慧和悟性曾经叫她怦然心动，曾经也是他津津乐道的东西，可现在呢，他对此满怀怨怼。

这种状况就这样一天天地持续下去。

但斯泰茜不敢肯定这只是埃里克的问题。也许正如埃里克常常抱怨的那样，她没有认真对待他的生意；也许他们的社交生活的确太浪费时间，太花钱了；也许当他面临这么多生意问题时，她不该眉飞色舞地跟他讲自己的工作有多顺利。也许这，也许那。

斯泰茜希望，如果埃里克的生意开始回温，他可能会停止施虐。但当他的生意有起色了，他仍然没有停止虐待她。他无视斯泰茜的建议，拒绝做任何改变——不做心理咨询，不锻炼身体，什么都不做，只对她无休止地责怪、挑刺儿。斯泰茜的日子是越来越难熬，埃里克倒是可以从责怪对方中获得暂时的好心情，这也许是因为他的身体出问题了，也许因为他妒忌她的成功，有心打压她，也许因为他不再爱她了。也许，也许，也许。

斯泰茜找闺密谈了此事后，意识到尽管她自己不完美，但埃里克则完全不可理喻。有一天，她实在受不了了，他注意到了，这之后，他变得非常和善——持续了一阵子。这种一会儿好一会儿坏，一会儿回到从前一会儿来到现在的模式坚持了几年。她的性生活很棒，但遭受的语言暴力也同样"精彩绝伦"。

斯泰茜刚开始她的治疗时，状态很不好，但她很快掌握了REBT技巧，成功地运用起来。不久之前，她做好了开诚布公的准备。她决定给埃里克几个月的时间，坚决要求他接受心理治疗，不然的话，她就离开他，任由他在痛苦中挣扎。然而，他依然没有去寻求帮助。又过了一段时间，她觉得受够了，她跟埃里克在一起不可能幸福，离开他虽然也有可能不幸福，但轻松得多，她是有选择余地的。在工作中，她尚且不能忍受紧张压抑和不公正的指责，凭什么她要受丈夫的气。

随着离开埃里克的日子越来越近，斯泰茜却开始犹豫，满脑子都是不好的念头。她开始在脑海里预演可能发生在自己身上的各种恐怖事件，以及发生在埃里克身上的天大好事。假设，只是假设像他时常威胁的那样，他找到了另一个女人呢？她想象他幸福无比地跟某个他俩都认识的单身女人在一起，或者，一旦她离开，他立马找人约会。也许，是他的执行秘书丹妮尔，她似乎对他的生意特别投入，一副生怕不够努力的样子；也许，是他的前女友帕蒂，他曾经差点就娶了她；或者，是他们共同的朋友伊丽莎白，她有的是钱，埃里克会特别感激这点。斯泰茜想象出来的东西要比埃里克的实际生活状况要好得多——比任何人的生活都精彩。

不管其伴侣如何残忍暴虐，像斯泰茜这样的女人往往会勾勒出她们的伴侣跟其他女人在一起时会如何幸福的画面。这些女人可能是现实中认识的人，也可能仅仅是臆想出来的。斯泰茜之流会为分手后她们再也得不到的东西而不甘心，她们会因给伴侣自由而备受煎熬，尤其是伴侣有了自由后对别的女人殷勤备至，圆了那些女人的梦。斯泰茜之流担心当前伴侣跟另一个女人幸福美满地生活在一起时，别人会认为问题出在她们身上。

你也会有这种想法吗？你的施虐伴侣离开你后找了别人，你会在脑海里描画他永久的幸福美满吗？你真的相信他会从你们的关系中吸取教训，待另一个女人不同吗？如果你真这样想，你就只能继续跟着他——继续煎熬着。为了驳斥这种扰乱人心的想法，你必须首先认识到你说给自己的都是废话，必须彻底抛弃。

1. 认为你的伴侣跟别人在一起就会幸福美满，这是不可能的。

你的施虐者跟别的女人在一起会永久地幸福美满吗？你也许这么认为，他一开始也会这么认为，但很快，他吹毛求疵的毛病和语言暴力的倾向会在不知不觉中，不可避免地给他们的关系蒙上阴影。由于他的毛病难以治愈，由于支配他的人生、毒化他感情生活的愤怒深不见底，他能得到的幸福是有限的。没有任何一个女人能使他永久地、充分地幸福，能使他心平气和地度日。

他的暴虐是一种如影随形的变态。他可能认为你是问题的源头，你离开了，问题就消失了，但他很快会醒悟，发现破坏你俩关系的变态情绪就缀在他身后，他不得不又一次与之周旋。因此，别老惦记着他会与其他人情投意合，日子过得美滋滋的。他仍然会与他心中的魔鬼交战，他的新感情生活仍然建立在过去陈旧的变态爱情观上，被他极度痛苦的心理博弈一点点地蚕食。

让我们设想一下，尽管机率不大，你的伴侣真的从另一个女人那里找到了幸福。假设她是他的理想爱人、天作之合，而你一想到这点就受不了。那你跟他在一起时，你能想办法幸福吗？她在他的暴虐中日子过得惬意，你行吗？你曾经跟他在一起，你却没有幸福可言，所以你离开了，知道自己配得上更好的归宿。重要的是你是否能在虐爱中找到幸福，而不是她是否能找到幸福。

2. 以为你的伴侣会把新欢想得太好，不会去虐待她，那是不可能的。

你的伴侣有可能在你离开后找到理想的女人，但她真的就那么美好，以至于他不会虐待她？是，也不是。他有可能找到他认为是理想的女人，当他展示自己最好的一面时，他俩肯定是情投意合、难舍难分。但即使一开始他想办法对她好，使她意乱神迷，这也只会是暂时的，终究有一天他会对她发作，就像他对待你一样，只是时间问题而已。在冒险施虐前，先把女人套住，这是他的一贯伎俩，要他停止施虐，不太可能，除非他采取必要措施一心求变，但他曾拒绝了这些措施，哪怕他为此付出了牺牲你俩关系的代价。

即使你伴侣的新欢比你更听话，对他百依百顺、无一不从，即使对方美丽、能干、聪慧，还有其他种种优点，他还是会像虐待你一样虐待她。世界上没有一个女人能完美到让施虐者永远满意，让他永远"幸福"。

3. 认为你伴侣生活中出现的新人会与她的梦中情人——你的"白马王子"——令人艳羡地幸福下去，这是不可能的。

你的伴侣有他自己的长处吗？有的，他甚至有时候像所有女人梦寐以求的那样惊才绝艳、魅力四射，可是别忘了，他集魅力和暴虐于一身。一开始，他的新伴侣觉得是梦中情人翩然而至，但过不久，他会像跟你在一起时那样，开始找碴儿，无理取闹，乱发脾气。

新女伴可能会把他的长处放在心上，这些长处曾使你对他欲罢不能，而且也是你一直梦寐以求的，但她也会撞上他的恶劣之处——那些把你的生活搅得稀巴烂的恶行。他是个"买坏赠好"的货色，不然的话，你不会想要离开他。记住这一点，他的新伴侣继承了你的老问题，她是他的下一个"受害者"，是他可以倾倒心理废料的新垃圾场。她也会像你一样被嫌弃，捡的是你的残羹冷炙。

像你一样，她也会厌倦情感过山车，想要寻找回归自我的路——回归理智的路；像你一样，她也会纠结是离开还是留下，也会为降低苦难、还自己清净而努力。

4. 如果你的伴侣与其他女人相处甚欢，而这正是你在他身边做不到的，你就认为毛病出在你身上，这是不理智的。

你的伴侣与其他女人在一起并不意味着你有问题，或那个女人比你强。这只意味着，她占据了你以前的位置——刚刚开始了他们的热恋。他像爱过你一样爱她，他跟她在一起感到幸福，就像他跟你在一起时曾感到幸福一样。同样，他会虐待她，正如他虐待你一样。于是，他俩的关系也会不再那么"美妙"，施虐者会做他们所做的——施虐。

也许他是对你不满意，他要你与众不同，要你更好，更称他的心，更如他的意。然而，谁给他权力设定好坏标准的？你用他扭曲的认知来衡量自己，这说得通吗？

你与他的关系状况不该由你负全责，你已想方设法要把事情扳正。即使你后悔自己说过的话、做过的事，不想在另一段感情里重复这些，但这并不意味着你因曾经对虐待做出过那样的反应而成为一个心术不正的人。与你的伴侣生活在一起的结果是释放出了你心中的恶魔，但犯不上为这些已是过去时的行为对自己施压，瞧不起自己。你当时已经尽力了，做什么都不能让情况变好，只有他能让情况变好，那就是停止他的施虐。

因为你的伴侣的虐待需求，也因为你"包容"了他的虐待，所以你的善良将不免受到打击。当你不再想扮演受气包的角色时，你就失去了一部分"包容"的气度。于是，他找到别人来扮演你的老角色。

目前要做的是通过你的经历去了解将来什么不该做，什么不该接纳，什么坑不能往里跳，然后继续过你的日子！这才是最重要的。你的伴侣会是什么样儿，与你无关。你的生活重心和标准要有所改变，再也不能让自己陷入如此处境——遭受爱人的虐待。

害怕再也不会像爱他那样爱别人

你可能以为你的施虐伴侣是唯一真爱，认为自己再也不会有这么深沉的爱意了。卡萝尔就是这样看待比尔的。从见面开始，他就是她"闪闪发光的骑士"。他高大、强壮、聪明，似乎无所不能，当她被搂入怀中时，卡萝尔感受到了被爱和被人保护着的美好，甚至在现在，当他心情好的时候，她仍然觉得他是她的唯一。但当比尔心情不好的时候，他那副尖酸刻薄的模样叫她难以相信这和之前的"骑士"是同一个人。然而，他是唯一一个让她爱得这么深的人，万一她再也得不到这种爱情怎么办？

卡萝尔真是进退两难。当比尔长篇大论地攻击她时，她恨他，那是真的恨；但在其余时间里，她又爱他，那是真的爱。每次他情绪失控时，她觉得一分钟都待不下去了，可她不敢有离开他的念头，觉得没有人能替代他。于是，她一次又一次地说服自己不分手。

如果你跟卡萝尔及成千上万的女人一样，已到了关系破裂的临界点，准备离去时，却迈不出这一步。如果真是如此，你可以利用你的对抗技巧与自己展开以下对话：

"没错，我爱我的伴侣胜过爱过去所有的男人。我不敢肯定将来是否还能拥有这种爱情，但这种爱是不健康的。若是其他人能再一次找到爱情，为什么我就不行？我的新生活中有许多机会遇上新人，找到一个适合我的人只是时间问题而已，我知道自己有深爱他人的能力，这一次我要找一个能以健康的方式持久深爱我的人。假如不凑巧的是，我找不到值得我爱的人，我会失望难过，但这不是世界末日，我死不了，仍然可以从其他人那里得到爱情和相伴厮守，仍然可以有快乐的生活——脱离受虐的快乐生活！"

害怕他需要你，没你不行

尽管你的伴侣时不时地抽风发怒，你仍然相信他需要你。没有你在身边，他照顾不好他自己，你不在，他会极度孤独，或患上严重的抑郁症。每当你要离开时，他说他"没你不行"，乞求你给他另一次机会。于是，你因为感到愧疚而留下来。

道德绑架是施虐者最喜欢的武器。为了让你留下来，你的伴侣会采取任何必要的操控人心的手段。他因为十分害怕被抛弃，会哀求、卖惨，表现得手足无措，并保证永远不再伤害你。或者，为了阻止你离开，他会威胁你，或采取些别的什么措施。施虐者善于扣住他们的伴侣不放，这是他们的特长。你如果感到愧疚，并让这种愧疚感影响你的决定，你就落入了他们的圈套。

假如你的伴侣凑巧真的离了你就过不好日子，一开始，他没有你的帮助和鼓励可能会患上抑郁症，会精神崩溃，但他总能想办法活下来。你离开他后仍然可以是一个善良的、有担当的人，仍然可以对他的窘况表示抱歉和遗憾——仍然可以不感到愧疚。

当然，从他的视角来看，你是错了，你不是一个好人，但重要的是你如何看待这个问题。虽然偷东西不对，但有人偷你的东西时你叫来警察就错了吗？难道你没有人权，难道你无权保护自己不受恶人恶事的伤害？偷你东西的人肯定有一段悲伤的故事，令听者伤心、闻者落泪，他如果被抓了，可能就此潦倒落寞，然而，法律规定即使你为了自救杀了一个威胁你生命的暴徒，你也是无罪的。为了自救，你离开一个施虐者并因此"伤害了"他，这不也合情合理吗？

如果你的伴侣真的有患上抑郁症的危险或"没有你就活不下去"，那么，离开他似乎是真的不妥。但是，由着他继续虐待你就妥当了吗？也许跟他在一起不会使你崩溃，也许尽管他虐待你，你还是有一些称心如意的时日，也许你的内心比他强大，忍受虐待的能力胜于他对你离开的接受。这都不重要。他残忍对待你，哪怕只是口头上的，那也是邪恶的、错误的、丧失良心的、不道德的、卑劣下作的、不公正的、不被提倡的，不管你离开他后会是什么结果，但肯定是没那么邪恶。你需要跟他分手，这是他的错，你有道义上的权利做出这种选择，更不用说出于自保也该这样做。

由着你的伴侣顾影自怜好了。乞求你留下是他的权力，而你的权力就是抽身离去。

害怕没有为了挽救孩子而早点行动

如果你早点离开，情况要好得多，这是不争的事实。你的孩子们成长在暴力家庭里的时间就会少一些，他们会少一些恐惧，在有关爱情、家庭、男女关系方面获得错误信息的时间也少得多。

让孩子受罪实在是太糟糕了。你不够强大，头脑不够清醒，也没有早点做好心理准备，因而没有早点分手，这都是太糟糕了。可是，做过的事像泼出去的水一样收不回来了，虽然你明明知道早点离开有好处，但你不可能从头再来一遍。或者，你有不得已的理由需要留守一段时间，比如你需要时间进行职业培训。但不管你因为什么缘故不分手，都苦了孩子。他们受了苦，你也没能阻止他们受苦，但这都不能证明你是坏人，是毫无价值的人。

你想在一个充满爱的家庭里抚养孩子，为此，你尽了最大努力。你尽力陪着你的孩子们，保护他们不受你的施虐伴侣的伤害。沉沦于愧疚之中只会把问题复杂化，而不是解决它们。这只会让你继续生活在痛苦中，抽干你用来改变孩子和你自己生活的所有力气。

好消息是你现在仍然可以做一些帮到你和孩子的事。你可以驾驭自己的情绪，如实地看待自己的境况，对分手做出理性的决定。你可以成为孩子们的情感支持，对他们身上出现的问题保持警觉，如果需要的话，为他们寻求专业帮助。投身于做这些事情上，而不是责备自己、唾弃自己。你可以去了解为什么你会落入虐爱关系中，为什么不抽身离开，如果你离开了，你可以确保再也不会发生此类事情。这样的话，你是以身作则地教导孩子们什么是健康的生活和爱情。

到目前为止，我们主要讨论了所有重要的议题，即克服恐惧、恢复良好心态、有效应对语言暴力的认知或思维技巧。在下一章里，你将了解其他广泛运用的REBT技巧，这些技巧能让你将已学到的东西发挥更大的作用。

14

技巧进阶：
打出认知、情感、行为的组合拳

设想一下，你在所有这些方面下工夫——关注说给自己的话，用对抗来求证说给自己的话是否真实有效，构建对你更有利的新型理性信念——你会感到惊艳，会释然地发现你的某些非理性信念消失了，你新型的、果决自信的自我对话模式落地生根了。

然而，你可能已经发现，你的某些信念仍然抵制着变化。你也不全信你说给自己的全新的东西，比如，你会说"独处不是坏事"，但你还是对这种想法产生恐慌。你对自己说着话，但有时候你根本不在听。哦，没错，你是在听，主要听懦弱、胆小的自我在说什么，听施虐伴侣在说什么。你把他的话和胆小自我的话听进去了，却听不进你新的、强大的、勇敢的理性自我说的话。这样的话，你仍然得不到你该得的良好感觉，也不能始终如一地采取对你最有利的行动。

别绝望！REBT预见甚至期待这种事会发生。仅仅拥有认知和思维技巧，有时候不足以战胜根深蒂固的信念和恐惧，因此，REBT会教给大家多样化的情感、行为技巧。事实上，REBT能成功地帮助人们解决他们的问题，就在于这是一个多元化的治疗方法。治疗师和普通人在自主使用REBT时，都仰仗情感、行为技巧来帮助颠覆非理性信念和恐惧，因为这些非理性信念和恐惧哪怕经过多次对抗，仍然有可能顽强地扎根于人们心中。

组合型技巧之所以出效快、成果持久，是因为你的思想、情绪和行为互为影响，其影响力还十分强大，牵一发而动全身。这就是为什么要在三条战线上同时攻击顽强的非理性信念才会效果显著。

这一章描述了几个最普及的情感技巧，并告诉大家如何使用它们。你可能喜欢某些技巧胜于其他，也可能某些技巧更适用于改变困扰你的个性化的信念和恐惧。我们建议你通读所有技巧，它们决定了你在改变观念和情感方面是否能取得成功。当你打出认知、情感、行为技巧的组合拳，你就增加了实现不止一个目标的可能性：提升你的情绪，更好地应对你的施虐伴侣，更好地掌控你的决定和你的生活。

对抗内容的积极录入

通常，人们在学习对抗时认为自己的对抗条理分明、铿锵有力，其实根本就不是这么回事儿，这些对抗听上去跟他们所认为的大相径庭。其实，大部分人都不知道他们的对抗听上去是什么样的。这就是为什么政客、演员、推销员、求职人员为了完善他们的演讲、角色扮演、交流沟通时会用上录音机。

去听听自己说了什么，如何说的，你也可以从中获益。你会吃惊甚至震惊地发现，你一开始的对抗是多么软弱无力，通过练习后，力度则增强许多。在REBT里，用录音机来训练对抗技巧被称为"对抗内容的积极录入"。

20世纪70年代末，我（阿尔伯特·埃利斯）创造了"对抗内容的积极录入"这一技巧。从那时起，我把这个技巧推广给了数千人，帮助他们放弃非理性信念和饱受困扰的情绪及相应的行为。

"对抗内容的积极录入"在桑德拉身上创造了奇迹。她的丈夫罗纳德经常喜怒无常、言辞刻薄，繁忙家庭生活里一些不起眼的小事都被他用来大做文章。他还在许多事情上指控她，包括她不是体贴的妻子，性生活不和谐，对他们的孩子——3岁的玛丽、7岁的吉米来说不是一个好母亲。吉米平日太过活泼好动，很难管束。只要吉米一调皮捣蛋，罗纳德就开始了长达10分钟的怒吼，吼叫的对象就是桑德拉："你就不能管管这孩子？你是怎么当妈的？你什么事都做不好。"当她想跟他解释时，他听都懒得听。

桑德拉找到我，因为她整天高度紧张，觉得自己一无是处，她再也受不了罗纳德的叱骂和控诉了。

通过与她的对话，我了解到桑德拉显然已尽力在应对一个施虐丈夫、一个难管教的孩子和一个脱不开身的奶娃。尽管桑德拉相信她有时候受到了不公正的攻击，但在另一些时候，她又认为自己是活该。有时候，她害怕自己就像丈夫指责的那样，不是一个称职的母亲、体贴的妻子和称职的性伙伴。每当这样想的时候，她就无情地唾弃自己。

在治疗中，我一直提醒桑德拉注意这些重点：

●罗纳德的指控是典型的施虐行为，通常不是毫无根据就是夸大其词。

●即使他的指控完全是真的，这也不意味着她一无是处或是个坏人，活该受到不公正的待遇。

●她把他的话听进去了，责怪自己不是完美的人，在无意间加重了他的指控。

但桑德拉依旧执着于自己的非理性信念。

●在她的想法里，贤妻良母应该是什么样儿她就得是什么样儿。这样罗纳德就不会生气，不会百般挑剔。

●因为她有时候出了错，他骂她、责怪她也情有可原。

●她忍受不了罗纳德对不属于她的错误横加指责。

●他必须认识到有时候他对待她有多不公正、多残忍，他必须停止这样做。

当我要她对抗这些陈旧的思想时，她做了，但没有被说服，反而不停地给自己灌输这些思想是对的。为了让她意识到她的对抗有多么软弱无力，我建议她使用录音机。

首先，我要求她录下她主要的非理性信念。当她说起自己的坏话，把她的处境恐怖化并强调无法解脱时，那叫一个理直气壮、不容置疑。

其次，我要她录下自己是如何对抗非理性信念的，然后听一听录音。她简直不相信自己的耳朵，她听上去像一个腼腆的小女孩："我不应该信罗纳德的话，我不应该受到这种待遇，仅仅因为我有时候犯了错，并不意味着他就该苛待我。我要他停止这样待我，但他不应该……"

这一次，我不用费多少口舌就说服了桑德拉重新做一遍对抗，第二次的录音听上去要好得多。于是，她反复录音，直到最后她强有力地说出了这些话：

"罗纳德的愤怒和毒舌都是他有施虐倾向的结果，绝不是因为我说了什么、做了什么或我是什么人！当他施虐的时候，他不可理喻，我根本不用相信他的话，这也绝不是我该受的！我十分不喜欢挨他的骂、受他的责备，但不管他说的有多不真实、多不公正，我肯定能忍受！我承受他的行为至今都没有崩溃，证明我足够强大，比以往都强大。尽管我有缺点，犯过错，但我值得他尊敬，也值得自己尊敬。虽然有时我做得不够好，但我拒绝鄙视自己！不管我做得有多么不好，不管罗纳德说了什么，我都不在乎了。作为妻子、母亲、一个人，我有我的局限性，但这只说明我是一个会犯错的人，那又怎样！每个人都犯错。即使我有时候犯了大错，我还是会把自己看成一个有价值的人，我会的，一定会的。

"帮别人虐待自己的日子一去不复返了！永远不复返了！我拒绝加入'损人党'，这个党派的人残忍或不公正地挑我的刺儿，其中也包括了我尖声叫骂的母亲，她和罗纳德是一个模子里刻出来的。从现在起，我将为自己和孩子们抗争——不管罗纳德如何刻薄，如何不公平，世界上没有哪一条法律规定他必须看到他是如何不公正地对待我，或者规定他必须停止这种行为。但没关系，我能处理。我不会让他欺负我，不会对他的怒火负责，不会让他毁了我们的生活！不会，不会，不会！"

桑德拉在家不停地录下自己的对抗，反复听录音，敲定如何使对抗的声音更有力，更令人信服。几星期后，她的变化相当大。当罗纳德又开始他惯常的长篇大论的斥责时，她不再畏畏缩缩，而是平静地走开，实在走不开，她对他的话就左耳进，右耳出。同时，她开始用健康的自我对话方式沉着冷静地展开自我对话。她认识到罗纳德的愤怒是他的问题，不是自己的。她也练习如何让自己无条件地接纳自我——特别是当她做的事不尽如人意的时候。

过了一阵子，桑德拉在她的高效新型哲学和健康的自我对话的支持下有了底气，敢于直面罗纳德。她没有追究细节，没有一声高过一声地控诉，而是告诉他，他的行为不可取，伤害了她和孩子们。她明确表示她会采取一切手段保护她自己和孩子们，说她愿意保持家庭完整，问他是否愿意跟她一起去做心理治疗。罗纳德仍然保持惯常的那副嘴脸：大声嚷嚷个不停，于是桑德拉离开了家。第二天，她又说了一遍，接着又过去了一天，她再次提出来，这一次，罗纳德同意考虑一下，桑德拉问他什么时候可以答复，他生气地同意明天答复。他阴着脸，气哼哼的，但他同意了她的建议。

桑德拉和罗纳德进行了几个月的心理治疗，桑德拉越来越成熟稳重，罗纳德也有了进步，时间会给出结果。同时，桑德拉不再打击自己，她已把她的情绪和生活掌控在自己手中。

如果你很难让自己彻底相信你的任何一种高效新型哲学，你也可以从"对抗内容的积极录入"中获益。就从把你的非理性信念录上10到15分钟开始。仔细地、情绪饱满地录下你的对抗，倾听录音效果，如果你有无话不谈的密友，不妨也让她听一听，看她是否觉得你的对抗和回答足够有力。如果听上去软绵绵、轻飘飘的，或者，你就是不相信这些，那么，加大力度，一遍又一遍地重复，直到你被彻底说服了。使用这个技巧后，你会不由得感叹你的自我对话变得如此健康明朗。

角色扮演
挺身面对语言暴力

J. L. 莫雷诺是一名心理医生，他在20世纪20年代开始试验角色扮演和其他处理困难局面的技巧，这些方法给人留下了深刻印象。

REBT运用一种特殊形式的角色扮演来帮助人们应对他们为之焦虑的情况，治疗他们的焦虑症。当你的伴侣尖刻地挖苦你时，你感到恐慌、抑郁，不知说什么好，也不知做什么好。你在他的攻击下濒临崩溃、泣不成声，你除了急赤白脸地解释、辩护之外什么也做不了。这时，角色扮演就显得尤为珍贵。

与亲友、治疗小组成员、咨询师、治疗师一起做角色扮演，这是训练掌控情绪、直面施虐伴侣的安全方法。

在REBT特色角色扮演中，由你扮演受虐者，让其他人扮演你的施虐者。当这个人严厉地谴责你时，你不允许自己像往常那样神情沮丧，满脑子不知道做什么好，而是坚定自己的立场，用REBT的方式正面应对。在这个安全的氛围里，你平静而坚定地应答扮演施虐者角色的那个人，努力不让自己被谴责的话吓住。你靠假扮强大而变得强大，明确表示你知道发生了什么，不会任其发展下去。你尽全力回应另一个扮演者的话，说："停！""你这样说我不对。""我再也不会听这些了。""你再说，我就走。"

经过一段时间的角色扮演后，你已能全身心地投入对困难局面的处理。这时候，跟你演对手戏的人给出了反馈意见：这一段演得不错，这部分可以更好一点，某些地方可以作不同的处理。这个人可以建议不同的说法、不同的行动方式，帮助你在实际生活中说话切中要害，行动恰到好处。于是，你反复排练，不停地重复，直到自己不那么害怕了，思考、感受、谈吐也更到位了。

记住，在角色扮演时，你是主导者。如果你感到不安、害怕，你可以暂时停下来，想想你说给自己的话。比如，扮演施虐角色的人大叫："你看你做了什么！蠢货！你什么事都做不好！"

听到这种责难，你可能倏地泪奔，自然而然地鄙视自己。这时候，你就中断角色扮演，查看你对自己说了什么非理性的话造成自己如此自厌。你可能说过："他没错！我是蠢货！我早应该知道这点。我真的什么事都做不好——我恐怕一辈子都一事无成。我很幸运，因为他还愿意跟我在一起，要是换了别人，怎么可能还会爱我？"你审视着这些造成你失去行动力的非理性信念，在演对手戏的伙伴的帮助下，对抗和答复这些信念，然后，继续你们的角色扮演。

如果你反复做这种角色扮演，并且，与你演对手戏的伙伴也了解的处境，给予你支持的话，你就会发现，在又一次遭到语言暴力时，你终于能够想出该说什么、做什么。在你的日常生活中，一旦类似情形发生，你也有了应对的心理准备。

调换角色扮演
直面你的非理性信念

另一个出色的情感技巧是调换角色扮演，这在对抗你的非理性信念及对抗随之而来的自我打击性情绪和行为方面颇有成效。当常规对抗方法行不通，或当这些方法只暂时起作用的时候，调换角色就变得尤为实用可行。

在调换角色扮演时，你和演对手戏的伙伴分别扮演你的对抗技巧的两方——一方是健康的自我对话，另一方是非健康的自我对话，你扮演健康自我，对方扮演你的非健康自我。对方假装拥有你的陈旧的非理性信念，无比坚信，拒绝放弃，相反，你是对抗非理性信念的角色，想法说服对方放弃执念。不管你如何反驳这种非理性信念，对方都不为所动地维护这种信念。尽管对方执迷不悟，你仍然不依不饶地与之辩论，坚持不懈地对抗着，直到你感到你能够与之对峙并突破对方的防线为止。当你说服了你的伙伴放弃陈旧的非理性信念后，你也说服了自己放弃这些。

多年来，我（阿尔伯特·埃利斯）在个人治疗和小组治疗中成功地运用了角色扮演的调换。葆拉是治疗组的一员，她发现在处理最让她失去行动力的非理性信念时，这个招数挺管用。她曾坚信没有迷人、成功的男友布拉德在身边，她的生活可能永远黯淡无光，哪怕他冷漠而不积口德；她曾认为，因为她没受过任何专业训练，她永远不可能拥有跟他在一起时才有的奢华生活；她还认为如果她离开了他，他那些令她欣赏的聪明睿智、受过良好教育的朋友就再也不会与她来往。

所以，根据葆拉的看法，如果她失去了布拉德，她就跟高档生活、有趣的朋友圈、心仪的高颜值男友无缘了。她19岁就跟布拉德同居，一起生活了五年。她曾一直以为离开他后，她的整个人生就完了，怎么努力都不可能再有幸福美满的生活。葆拉就像布拉德一直数落她的那样，认为自己无可救药地愚笨；也像布拉德一直威胁她的那样，认为如果他真的抛弃了她，她肯定会万劫不复。

葆拉想从根本上解决她的非理性信念，驳斥这些信念，但它们不停地回到她的脑海里祸害她。她离开了布拉德就会成为一个一无是处的人；没有对方的供养，她都无法养活自己；如果不是他交上朋友并维护这些友情，她绝对不可能有好朋友；她完全没有能力交上另一个男朋友，因为别人很快就会发现她愚笨，并且也会像布拉德那样欺负她。她唯一的机会就是留在布拉德身边，作他百依百顺的乖乖女友，她绝对没有其他更好的选择。

就这样，葆拉带着这些致命的想法一天天地混日子，如果说生活里有什么不同，那就是她越来越相信这就是毋庸置疑的真相。我和治疗组想打消她的这些念头，但它们如此顽固地扎根在她心中，我们一无所获。她最多有那么一两天不再这样考虑问题，但很快，她又回到确信不疑的状态中——离了布拉德不行。哪怕几乎所有她认识的人，包括她的近亲都在劝她离开。

后来，我建议葆拉尝试调换角色扮演，由治疗组的另一个成员劳拉饰演葆拉，坚定不移地采纳她的失败主义观点。劳拉模仿葆拉的非健康自我，确信她不能离开言语上欺辱她的男友，因为她实在没有其他选择，相比于离开他后更悲惨的生活，她宁愿留在他身边忍受磋磨。

劳拉把葆拉这个角色演得很精彩，不管葆拉（扮演她的健康自我）如何奋力劝解她摒弃那些疯狂的念头和行为，劳拉执意不从。葆拉一遍又一遍地说服劳拉放弃"假扮的"失败主义思想。对葆拉来说，这还是她第一次站在力量和理智的立场上说话。两个女人在治疗组反复饰演两个"葆拉"，小组其他成员一边观看，一边点评。有那么几次，她们在其他场合遇上，劳拉继续执拗地用葆拉的非理性主义武装自己，而葆拉则奋力劝说她不要固执己见。

几星期后，她们确实有了进步。葆拉与劳拉的辩论终于入了葆拉的心，葆拉意识到她有比待在布拉德身边更好的选择，她跟他在一起肯定只会更惨。就算她今后要一个人生活，也能养活自己。不管布拉德的颜值有多高，她都不需要这种人作男朋友，哪怕目前他们共同的朋友不愿再跟她来往，她也能找到属于她自己的有趣朋友。葆拉用理性信念彻底说服了自己，在一场庭审后离开了布拉德。她设法把一个人的日子过得潇洒恣意，从此跟布拉德一别两宽，再也没回头。

调换角色扮演提供了一个机会，即利用健康的自我对话来摆脱你的非理性信念，这样做的效果特别显著，因为你不停地听到你自己的嗓音为你发出健康的、理性的信息。

理性情感影像

克服恐惧的最佳方法之一是使用理性情感影像。这个技巧的发明者是心理学家小马克西·C. 默茨比，他在20世纪60年代末就读于纽约的理性行为情绪疗法研究所。这个技巧让人们在安全、无威胁的环境中练习如何克服恐惧。

理性情感影像提供了一个训练你控制自己的情绪，而不是让情绪控制你的机会。这样的话，当你遭受语言暴力时，你就不会感到慌乱而无助。

　　在使用理性情感影像时，想象可能发生在你身上的最坏情况，比如你离开施虐伴侣后孑然一身，失去经济来源。把这个"可怕"情形想象得越生动越好，让自己充分体验在这种处境中的心情，如恐慌、抑郁、自怨自艾。然后，用你陈旧的不健康的负面的自我对话来强化这些情绪，使它们越强烈越好。

　　因为你能营造这些极端不健康的负面情绪，并且还能强化它们，所以，你也能把它们变为健康的负面情绪，如悲伤、失望和挫败，使自己不那么沮丧、愤怒、不甘。当你把自我对话从非健康转为健康时，需要在脑海里再现那个一模一样的"可怕"情形。铆足劲地对自己输入理性的应对性话语，如"我的生活中会发生这种事，实在是太不好了，但我能处理好！""独居得不到伴侣的经济支持，日子真的不好过，但继续跟他生活在一起，日子更不好过。""我想象的情形真的、真的不尽如人意，但我仍然可以想办法做许多事情，享受生活。再说，如果我还跟他在一起，我会很倒霉，可能会生病。"

　　请注意，你改变了你的自我对话，你的心情也会随之改变。把这个过程重复10天、20天或30天，直到你确信你想象出来的情形不再恐怖如斯，你就能战胜过去的心魔，成为一个相对快乐的人。如果你用这种方式描绘"理性情感影像"，坚持做一段时间，那么，你就有可能自动把你的恐怖化哲学转变成理智哲学，用健康的方式对想象出来的情形或实际情况做出反应。

为了告诉大家如何使用这个方法，可以看一看发生在我的患者朱莉身上的事。朱莉的丈夫鲍勃是一个语言施暴者，他们之间的关系已经恶化多年，虽然仍有性生活，但仅限于身体运动，没有多少爱抚温存。朱莉经常生病，患有肠易激综合征。她的医生告诉她，她的身体问题来源于精神压力。随着病情加重，她害怕会出现更严重的问题。然而，虽然她不再像以往那样爱鲍勃，但她相信出于实际考虑，她仍然需要跟他一起生活，她的兄弟跟鲍勃合伙做生意，两个家庭一块儿供养她年迈的父母。

朱莉的非理性信念叫她控制不住地情绪低落，使她患病。一开始，当她丈夫欺辱她时，她不愿意使用对抗技巧。于是，我在她身上使用了"理性情感影像"，要求她想象可能发生的最坏情形。"闭上眼睛，生动地想象，"我对她说，"鲍勃像多年来一直做的那样，一如既往地用言语攻击你，只是这一次更加恶劣，你什么也做不了。他明目张胆地把你骂得体无完肤，把所有不好的事都算在你头上，对你没有一点心疼，坚持说他心情不好都是因为你不好、你愚蠢。更有甚者，他要所有人都相信他像天上的飘雪一样纯洁，而你还唠叨个不停，让他静不下心来，烦不胜烦。你能想象那样的画面吗？你能看到他在不停地用残忍的话痛斥你吗？"

"哦，我当然能想象发生了什么事，"朱莉回答，"生动地。"

"好吧，想象的时候是什么感觉？你心中的真实感受是什么？"

"好像被人打了。我感到紧张、发抖、非常愤怒，我胃疼。"

"不错，好好体验这些感受，强化这些感受，感到被狠狠打了，极端焦虑，怒火冲天，感到胃是真的疼。"

"是的，我真的感受到了，我难受得无以复加。我恨死这一切了，胃疼简直要了我的命。"

"很好，好好体验你的感受，不要审查这种感受，让自己要多难受就有多难受。现在，你既然能营造这些情绪，你就能改变它们。我要你马上开始，使用自我对话技巧来减轻你的极端焦虑和愤怒，把它们改变成健康的、恰当的不舒服和恼火，你能做到的。哪怕你只是暂时地感到不舒服和恼火，而不是极端焦虑和愤怒，做到了就告诉我一声。"

在接下来的两分钟里，朱莉努力酝酿情绪的改变，然后告诉我，她真的做到了。"我对正在发生的事感到有点紧张和恼火，"她说，"但我不发抖了，也没有气得要发疯，而且我的胃已经不那么疼了。"

"很好，我告诉过你，你能做到的。你究竟做了什么来改变你的情绪？如何改变的？"

"我深呼吸，想了想我幻想出来的场景，然后告诉自己：'这肯定不是好事，正在发生的事是我不愿意看到的：挨骂、受责怪，让我备受煎熬。这给我带来身体上的痛苦，令我感到挫败和恼火，我一点也不喜欢，但这不是世界末日。'"

"做得好！"我说，"你成功地把不健康的情绪转成健康的情绪了，哪怕只有一小会儿。"

"是的，我猜我做到了。一开始，我以为我改变不了自己的情绪——它太强烈了。但我努力去做，最后还是做到了。"

"非常好。接下来我需要你进行一段时间的自我训练，这样一来，等你真的在现实中面对你想象出来的情景时，你就会感到不安和恼火，而不是极端焦虑和极端愤怒。我要求你每天做一次相同的'理性情感影像'，连续做30天，每天只需花几分钟的时间即可。首先，想象最坏的情形发生在你身上，就像我今天告诉你的那样，好好体验自己的情绪，完全沉浸在这些情绪里。随后夸大这些情绪，用你这一次用过的应对性话语去改变它们，也可以用你能想到的其他相似的技巧。感受你饱受困扰的情绪，然后努力改变它们，明白吗？"

"我明白，照你的意思来说这是一个需要时间的训练过程？"

"是的。正常情况下，随着一天天过去，如果你坚持改变自己的情绪，等你再次想象最坏的事情发生了或坏事真的发生了，你就会把自己训练得自动生成健康的负面情绪。10到20天后，你会意识到你能够控制自己的情绪了，整个人也会好起来。你能每天做这种训练吗？直到你的新思想、新情绪可以自动开启？"

"我能。"

"你要确保坚持做下去，许多人做着做着就偷懒了。我再给你介绍另一个REBT技巧，能帮你不断运用'理性情感影像'。这是一种加强版的技巧，能在你做其他事情时也帮到你。"

奖惩技巧

B. F. 斯金纳是一个才华横溢的心理学家。他提倡当人们要改变行为模式，特别是要建立和维持建设性行为时，使用强化技巧，即给予奖励。〔我（阿尔伯特·埃利斯）在奖励的基础上添加了惩罚，由此创造了新的REBT技巧。〕

当你为一个新行为得到奖励时，你更愿意重复这个行为，并牢牢抓住不放。如果得不到奖励还因此受罚，则更愿意放弃。这种奖惩分明的原则影响着我们生活中好的一面。我们工作，通常是因为能拿到薪水；我们去杂货店，因为杂货店给我们提供食物；我们不吃口感好的油腻食品，因为害怕增加胆固醇，怕发胖。

在虐爱关系里，如果你因某些思想、情绪和行为而变得了无生趣，想要改变它们，那么这些原则就派上用场了。这种奖惩措施可以帮助你克服惰性和拖延症，而惰性和拖延症正是正常使用REBT技巧的拦路虎。

整个过程从从列清单开始。列出你认为是奖励的活动，如清晨喝咖啡、打几个私人电话、上床前看看电视新闻。然后，列出你想躲开的难事，如积极进行对抗训练、运用REBT技巧，或与施虐伴侣对峙。只有在做完15分钟的对抗或使用过其他REBT技巧后，或者，在你与伴侣对峙后，才允许自己享受快感并得到奖励。

惩罚同样是有效的强化版工具。如果能帮助人们躲开像清理橱柜这样更不愿意做的事，他们常常愿意做一些不那么讨厌的事如运用REBT技巧。要使惩罚技巧得以有效运用，你必须在没完成任务时强迫自己接受惩罚。

奖惩技巧不会创造奇迹，但在促使你开始健康的新习惯方面十分给力。

我们来看看我（阿尔伯特·埃利斯）是如何建议朱莉使用强化技巧的，以确保她每天练习"理性情感影像"。我开始问她："你每天喜欢做些什么让你高兴的事？"

"哦，我想想。是了，听音乐。"她说。

"那好，在以后的30天里，你只在做完'理性情感影像'，把你凌乱的心情变成健康的心情后再听音乐。听不听音乐，视这门功课做得如何而定，把听音乐当作你的奖励。"接着，我又问，"你最讨厌、总想躲开的家务事或工作是什么？"

"打扫卫生，我常常能不做就不做。"

"那好，在以后的30天里，每天要上床的时候，如果没有练习任何'理性情感影像'，作为惩罚，你就晚睡一小时打扫卫生，你能做到吗？"

"好吧，听上去挺毛骨悚然的，我觉得还是每天练习的好！"

"就是这么个道理。"

朱莉按照所指示的那样，练习"理性情感影像"来减轻焦虑和愤怒，必要时，奖励或惩罚自己。几周后，当鲍勃虐待她时，她注意到她的自动反应有所变化，她没那么难受了，胃也没那么疼了。

朱莉开始信任她的健康的自我对话，并做到了用更强有力的语言驳斥她的非理性信念。在这30天里面，鲍勃一点没减少虐待她，但她已不那么在意了，胃痛也大大减轻。

你刚刚已经了解了几种情感技巧，能帮助你改变长期有害的行为模式，看到了角色扮演和调换角色扮演如何使你较为轻松地面对你的施虐伴侣，还了解了如何录下你的对抗内容，听自己的录音，从而帮助稳固你的新型理性信念，你也目击了"理性情感影像"的效力。在下一章里，我们会教你宝贵的行为技巧，用来补充和支持你已了解的认知、情感技巧。

15

走出情感陷阱的完全攻略

你的新型情感技巧在你的反虐战争中被证明是重要的武器，而行为技巧则是强有力的同盟军。在这一章里，我们将告诉你行动上该怎么做——也就是如何采取行动去应对、改变你的混乱情绪，用健康的、适度的情绪取而代之。

体内脱敏 I
滞留在语言暴力环境里时，与生活中
不会经常出现的施虐者过招

在上一章里，你了解了通过角色扮演练习你的对抗术，保证在"安全"环境里获取应对虐待的经验。如果在真实生活里能有安全的办法练习应对技巧不是更好吗？这正是体内脱敏的目的，帮助你在无威胁的环境里训练如何面对你的恐惧。就语言暴力来说，这意

味着你可以利用从其他被霸凌的遭遇中获取经验而不是从与你伴侣的冲突中培养你的应对技巧。

使用这种方法的好处是当欺负你的人对你来说不像你的伴侣那么重要时，你就更容易习得这些技能。这些人与你并没有深厚的利益往来，因此他们对你的评头论足和恶意相向就不会伤你至深，你也不会被迫在他们身上花太多时间。你掌握了这些技能后，就能把它们用在你与伴侣的关系中。

我们不会要求你喜欢或接受这些人的霸凌行为，正如我们不会要求你喜欢或接受伴侣的不善行为一样。但与霸凌正面杠上提供了一个好机会，那就是学会如何更好地应对他们和你自己。

在使用体内脱敏时，你需要设法不把对方当回事儿，不把事情恐怖化，你只是对他们的做法十分不喜。不久之后你就会发现，当你再次被欺负时，你更容易意识到你被欺负了，并且不会轻易被当时的情景牵着鼻子走。你最终当然会摆脱这些讨厌的人，不再跟他们有交集，但是，如果你避免不了跟他们打交道，至少你内心里不会翻江倒海地折腾。

我们的目标是保持冷静，有效处理受虐状况。不久你就能让自己只感到遗憾和失望，即生成健康的负面情绪，而不是让自己生出非健康的负面情绪如焦虑、恐慌、抑郁和暴怒。

我们来看看如何使用体内脱敏。平日里，你一定会遇上许多人——推销员、服务人员等。有些人行为粗鲁、出言不逊、待人不善。当你有了那种熟悉的"不舒服的"感觉时，你就该注意了，立刻问自己这是由什么造成的，你有没有被人恶意对待。这是一个重要的步骤，因为你习惯了别人对你缺乏敬意，以至于你想不到这点，直到后来你气愤不过，消耗了大量情绪后才察觉，可这时候伤害已经造成——你感到挫败，觉得被人践踏了尊严。

你一旦意识到被恶意对待了，就练习对抗这种情形造成的非理性思想，用理性思想取而代之。当你的头脑处在自助型框架里时，你就能理性地判断反抗这种恶意对待是否正当。让我们来看看体内脱敏是如何为REBT患者服务的。

凯莉前来寻求我的帮助，因为她的婚姻充斥着语言暴力，她想学会更好地控制自己的情绪。当她的丈夫喋喋不休地羞辱她时，她愤怒地不知说什么好、做什么好。凯莉对REBT的基本对抗术已有所了解，我又向她解释了体内脱敏，建议她试一试。

她去修车的时候，第一次机会来了。凯莉向技工描绘车发出的声音，他打断她，说知道要做什么，不需要她来告诉他该怎么做他的本职工作。凯莉腼腆地建议如果他知道车在什么时候发出这种声音，可以更方便地找到问题所在，他不客气地抢白："女士，到底谁是技工，是你还是我！"

熟悉的感觉从凯莉的心底里升起，但她只说了一声抱歉，就把车留给了那名技工。当她的朋友开车送她去上班时，她意识到自己越来越不开心。虽然她认为那名技工态度不好，但他似乎对待她也没那么糟糕，她可能像她丈夫说她的那样，反应太大了点，但这件事一直萦绕在她心中，挥之不去。

过了好一会儿，凯莉才意识到那名技工行为粗鲁，缺乏敬意，她竟然没早点想到这一点。而这时，她的陈旧的、自发的、不健康的自我对话占了上风："我应该从一开始就清楚那个技工羞辱了我，他没有权利这样跟我说话，我竟然蠢得没告诉他这点，为什么我老是这么慢半拍？"

凯莉直到午饭间隙才突然想起来她对自己说了什么。于是，她开始用健康的自我对话取代非健康的自我对话："我知道我听到的话代表了什么，就是那个技工不仅仅是态度粗鲁，而且是难以原谅的恶劣。但是，除非我愿意，否则他的态度影响不到我，我拒绝让他影响我的心情，我也拒绝因没早点发现被欺负就讨厌自己。"于是，她想到了体内脱敏，决定到那名技工那儿练习如何克服恐惧和不开心，这通常都是她面对施虐者时所怀有的心情。

下班后，凯莉的朋友带她返回汽修店。在车上时，凯莉开始组织新型的健康的自我对话："那个技工羞辱了我，我更愿意他没有这样做。我不打算让这件事败坏我的心情，但我也不打算让他继续对我不敬。我能够挺身而出维护自己，我可以用这次的经历训练如何应对不公待遇，这样的话，我就能更好地处理与老公的关系。反正，下一次我再也不来这儿了。"

到了汽修店，凯莉很紧张但神情坚定，她不会再让那名技工败坏她的心情。他告诉她，他检查了车，没发现有声音："你肯定听错了，但钱还是要付的。"

凯莉问这名技工，他有没有在倒车的时候检查，这正是她早些时候想给他的建议。"我说了我检查过了。"他大声嚷嚷。她沉默片刻，习惯性的腼腆又悄悄涌了上来，接着，在她新型的健康的自我对话的支持下，她鼓足勇气说："我留下车时就想告诉你，我是在倒车时听到声音的。你要是不倒车再听一下，我是不会付钱给你的。"

那名技工开始跳脚抗议。凯莉的心怦怦乱跳，但她平静而又坚定地重复了自己的话。他一边嘟囔一边不满地爬进车，开始倒车。凯莉又听到了熟悉的噪音，说："你听到了吗？"技区抢白道："以前没这声音。好吧，把车留下，我会修的。"

当凯莉坐进她朋友的车里时，她在发抖，但情绪高昂，她做到了！自她有记忆以来，还是头一回能保持冷静，因而能想出来要说什么，而且还真的说出口来。她控制住了局面，感觉棒极了。她想起在之前那些日子里，在面对丈夫和其他人的恶言恶语时，她怕得要命，都不敢维护自己一二。现在她看到了，与技工正面杠要比与丈夫正面杠容易得多。她发誓要继续做REBT布置的功课，直到她处理受虐情况时不再害怕或难过。

体内脱敏 II

滞留在语言暴力环境里时，与生活中
经常出现的施虐者过招

想在生活中躲开施虐者，这是再自然不过的反应。然而，从

上一小节的例子中我们得知，短暂地跟这种人打打交道，顺便练练应对术也是有很大益处的。我们建议，作为起点，你可以从平常偶尔碰到的难相处的人入手。一旦发现自己能更好地掌控这种局面，你就可以进入下一步：挑常打交道的人练手，比如亲戚、朋友、同事。

我们来看看上一个小节里谈到的凯莉事例。凯莉怼技工的时候，她是没什么可损失的，因为她完全可以去别处修车，再也不跟他照面。然而，当欺负你的人是亲戚、朋友或同事就不同了，你不得不维持这种关系，就像你跟施虐伴侣脱不开关系一样。

拿经常打交道的人练手能立即达到两个目的。首先，帮助你学习应对他们的欺侮。这样的话，当你再次遇见他们时，你能更好地控制自己的情绪，减少他们的行为带来的负面影响。其次，帮助你培养技能，用来对付伴侣的不善。我们不建议你刻意寻找遭受语言攻击的场合，而是留意现有的机会——哪怕这给你带来沮丧和愤怒。拿出你的战意来，直到你做到减轻这些坏情绪为止。

挑选一个或多个人充当你的体内脱敏练习对象。同事是一个好人选，因为你几乎天天跟他们在一起，家庭成员也不错，因为你跟他们的关系在某种程度上类似于你跟施虐伴侣的关系。跟家庭成员在一起训练时，难度要高一些，彼此间的怒气也是经年累月积攒而成的，然而，人们一般都不太情愿挑战这种关系。

你一旦选定从某人入手，你就要开始注意那些绝对的应该、必须、强烈要求（非……不可）。正是这些用词使你极端愤恨对方的行为，比如，"我的母亲（父亲、兄弟姐妹、同事）决不应该这样对我说话"。你要做的是对抗绝对化思想，把它们改为带倾向性的思想（我更愿意……）。当你用健康的自我对话取代非健康的自我对话时，你的愤恨、郁怒就会有所减轻。

当你不再沉浸于自己情绪里，你就能理性地决定是否继续保持这些关系。有时候，你出于好的理由决定保留这些关系，有时候，尽管理由说得过去，但你决定犯不上跟他们耗下去。不管是哪种决定，你只要改变了跟其他人在一起时的心境，在处理与施虐伴侣的关系时，你就会自信心倍增。

你仍然不喜欢来自伴侣和他人的言语欺侮，但你能坚决拒绝被激怒，拒绝随之而来的惨兮兮的生活。他们待你不善，你就怼回去，如果不管用，你就决定停止来往。

几句谨慎的话：

有时候恐惧是好事，恐惧会对潜在的危险示警。如果你有理由相信你为训练课挑选的人会对你不利，你的恐惧就不是空穴来风。不要用体内脱敏练习让自己漠视合情合理的恐惧，也不要在有暴力倾向的人身上练习。

技能训练方法

事实上，数以亿计的女人在遭受语言暴力后无法脱身。她们在不知不觉中向伴侣发出这样的信息：她们离不开是因为没法养活自己。（"我需要你。不管你对我做什么，我永远离不开你。"）不幸的是，这常常就是事实真相，这就是哪怕她们不幸福也会留下来的主要原因之一。

优柔寡断和不善打理事务削弱了个人的意志。对受虐女性来说，它们尤其具有破坏性。不管她们如何渴望离开，渴望免除她们自己和孩子们的焦虑、恐惧、愤怒，她们还是相信自己做不到。她们感到无助，是因为她们没有准备好担起生活的重担。

或许你是她们中的一员，只要一想到你要在经济上负担你自己和孩子们的开支，你就不知所措。也许你结婚早，有了孩子，从未出去工作过；也许你脱离劳动大军多年，或有工作但挣得不多，不足以养活自己。

你也许对打理事务所知不多，不知道如何给录像机编程、何时给汽车换油、如何修理屏幕，或是如何管理家庭财务。你会发现让伴侣做这些事要容易得多。或者，因为有一个厉害的控制欲极强的男人在家，你捞不到学习如何做这些事的机会，甚至还有人不停地提醒你，你做不了这些事。无论是哪种情况，你都因为做不了这些事而付出了代价——无助绝望。

自力更生能很好地平衡男女关系中的权力分配。你越不依赖他人，被伴侣虐待的风险就越小。想自由自在地选择留下，或离开你的施虐伴侣，唯一的办法就是做到自力更生。如果你决定留下来，自力更生能使你更坚强，更不易受控制；如果你决定离开，它也会让你的日子轻松许多。

无论何时开始自力更生都不晚。养活不了自己、不善打理事务都不是不可逾越的障碍。仅仅因为你不会做，并不意味着你不能做，只意味着你还没有学会做这些事。其实，当你尝试新事物时，你会发现——甚至让你大吃一惊——你比你自己想象的要做得好，你会发现你在家能干得很，在处理电子和机械设备上也不差。

即使你作家庭主妇多年，对找工作发怵，对回炉重造、学习新的职业技能没把握，你也可以一小步一小步地走出家门，拓宽自己与外界的接触面，比如在学校、医院、老年中心做志愿者。你会很快欣然地接受扮演与伴侣分开的新角色，这样的话，做到经济独立就不是那么令人发慌了。

如果你害怕没有时间、精力或能力去学所需的技能，或担不起自力更生所需的全部责任，别忘了，你还有REBT这个不离不弃的朋友。当你坚持正常使用新型的REBT技能时，你不再把宝贵的时间浪费在无用的担忧、分析、执念和自我打击上，你可以把自己的努力导向更积极向上的、更富有成效的目标。你一旦从容冷静，建设性地思考问题，你会被自己惊艳——你能做那么多事，能把那么多事做好。

首先，盘点一下独立自主所需的各项技能，确定哪项是必不可少的，哪项是重要但可以缓一缓再学的。先学必不可少的，比如，你的第一重点要放在学习如何持家和维护车子上，或者，把重点放在如何让自己变得果断利落，学习如何处理家庭财务问题，如何在经济上养活自己。

不管你决定学习哪种技能，你能在各种地方找到帮助。你可以跟朋友探讨，听一听他们的建议。也不乏一些自助型小组，可以教会你处理各类事务。你也可以向专业治疗或咨询机构求助。宝贵的信息还来自诸多好书，来自经常出现在女性杂志和互联网上的信息、文章，话题从个人成长到重返劳务市场应有尽有。大部分中学提供成人教育课程，社区大学提供训练课程，专业训练中心有可以考证的课程计划……这份清单是不会就此打住的。

因缺乏技能而不能独立生存，这是一个严重的、不容忽视的问题，但不是不可逾越的高山峻岭。深思熟虑、周密计划、敢于行动就能让你成为一个独立的人。一次只给自己设立一个小目标，迈出一小步，相信自己的能力，在自信的基础上坚持不懈地行动起来。不知不觉中，在你每次做了你以前不敢想的事后，你都会感到激情澎湃、兴奋不已。

我（阿尔伯特·埃利斯）仍然记得与前REBT患者的不期而遇，我曾给她起的外号是"我不行翘楚"。当我第一次告诉她，她可以学着对语言暴力不甚在意时，她回答："也许别人可以，但我不行。"当我第一次告诉她，她可以学着坚强独立时，她回答："也许别人可以，但我不行。"当我第一次告诉她，她没男人也能幸福时，她回答："不可能！绝不可能。也许别人可以，但我绝对不行！"

这一次她奔向我时，完全变了一个人。"埃利斯博士！埃利斯博士！还记得我吗？那个'我不行翘楚'？我是说从前那个'我不行翘楚'——至少那时候你是这样叫我的，但现在我不是了，你都说对了！虐待、我的情绪、保持独立——甚至没男人也能幸福。你能相信吗？没男人我也幸福！我自己都不敢相信。"

"我发现自己能做所有我以为不可能做的事。家里的修修补补我都不在话下，录像机玩得溜溜熟——我，全方位的能工巧匠。我知道车什么时候该换油了，有时候自己一个人去电影院。上个月，我还一个人去坎昆市旅游——算是一个人吧，和'地中海俱乐部'的大家一起。你知道的，我没把握自己敢不敢去，但我督促自己去，玩得可开心呢。我不用考虑有没有人会坏了我的兴致，觉得轻松多了。你说的没错，我也能养活自己了。我去上了电脑课，在就业中心找到了一份我喜欢的工作，遇见了有趣的人，交上了新朋友。我也给自己起了一个新名字，叫'就我行翘楚'。我琢磨着这是我挣来的，想想都不可思议，所有人当中就我行！"

即使你在把这本书看了一大半后还在说"我不行"，但你还是可以成为"就我行翘楚"。

放松方法

当你处在虐爱关系中时，整日紧张不安，这使得你很难放松。

238

理清狂乱的思想和缓解紧张疼痛的肌肉成为重中之重。

上千年来，人们在心烦意乱的时候都使用过如瑜伽、呼吸操等放松方法来训练身心平静。这些方法很有效，而且是立刻见效，因为它们打断了焦虑情绪的酝酿，使你无法专注于这种情绪。如果不间断地天天使用，而不是只在你心情不好的时候使用，这些方法的效果会更为显著。所以，制订一个日常计划，一丝不苟地执行下去，你付出的时间和努力肯定是物有所值的。

有许多可以选择的放松方法，有的你喜欢，有的你不太喜欢。你可能已经选定了你喜欢并熟悉的方法，不然的话，你也可以试试我们提供的几个简单方法。

你一旦冷静下来，就能更好地对抗你的恐怖化信念，至少，你会开始听从勇敢强大的理性自我。就是这个自我能够减轻你的恐惧和焦虑，引导你采取对自己最有利的行动。

呼吸操

你做得最简单、最自动的事情就是使用"即时"实用技巧来平复情绪，就跟呼吸一样简单。事实上这就是呼吸。当有心去做时，你就开启了放松程序，助你减轻焦虑和恐惧。

你是不是经常听到在难受的时候做深呼吸？据说这很有用。虽然呼吸操有许多不同的技巧，但大多数都建立在深沉的横膈膜呼吸的基础上。这些呼吸操无论是站着、坐着、躺着都可以做，且运用的呼吸技巧都颇为相似。

无论何时何地，站姿和坐姿都适用于"紧急"情况。站直了或坐直了，然后专注于你的呼吸，缓慢深沉地吸入，挺起胸腔，鼓起腹部，停顿几秒钟，然后缓缓从口腔呼出，把所有的身体紧张通过呼吸释放出来。如果你想检查自己是否做得对，可以把手放在腹部上，感受吸入时腹部是否膨胀了起来，呼出时腹部是否瘪了下去。连续重复几次，或练到你感觉自己已安静下来为止，感到头晕则要立即停下。

躺着做深呼吸时会产生一种更类似于冥想放松的反应。平躺在地板或床上，屈腿，双膝并拢，双臂放在身体两侧，手心朝上，缓慢吸气，感觉你的腹部鼓起来，停顿几秒钟，然后从口腔缓慢呼出，释放你的身体紧张，感受你的腹部朝脊柱贴近。如此重复几次。

如果你经常做深呼吸，那么在遭受语言攻击时，或在其他感到特别焦虑的时间里，你就能依仗这个呼吸操来平复你凌乱狂暴的思绪，并帮你更好地处理任何情况。

渐进式放松

你可能对著名的"渐进式放松"耳熟能详。这个技巧是芝加哥大学的艾德蒙·雅各布森在20世纪30年代开发的，其基本操作是按照具体的排序，收紧、放松身体的各组肌肉。

渐进式放松加强了身体知觉，使你意识到肌肉正在紧张，随后则迅速释放紧张。这个技巧也起到平静大脑的作用，因为练习这个技巧时，你的注意力是放在身体上，而不是放在忧思上。如果你长期处在压力中，紧张已经成了"家常便饭"，你都忘了什么是放松状态，这时候，这个技巧就特别管用。视长期压力为常态的受虐者尤其能从中受益。

你在练习的时候，不要太在意我们给出的肌肉放松的前后顺序。你从手到胳膊，往上到头，再往下顺着整个躯干到脚收紧肌肉，停顿，放松，只要你做了这些，这套肌肉操就能见效。

从选一个舒服的体位开始，或坐或躺，闭上眼睛，放空思绪。

双手慢慢握紧成拳，保持约10秒钟的紧握状态，注意正在收紧的小臂、手和手指，专注于其紧张程度，向自己描绘你的感觉，比如不舒服的拉扯感、灼烧感、紧绷感。

接着释放紧张。让你的手和胳膊松弛约10秒钟，体味一下手里温暖、沉重的放松感，向自己描绘你的感觉，想想与你握紧拳头时有什么不同。在释放紧张后的30秒里，注意肌肉是如何渐渐松弛的。你可以在收紧肌肉的阶段缓慢吸气，在开始放松的阶段呼气。

练完手和小臂后，按照以下顺序收紧、放松肌肉群：大臂，前额，眼睛，鼻子，双颊，嘴，下颌，脖颈，肩膀，胸部，背部，腹部，臀部，大腿，小腿，脚踝，脚。（有些人更喜欢从身体的一侧开始，然后再移向另一侧，这样的话，他们可以用收紧的一侧跟放松的另一侧进行比较。）

当你依次放松各个肌肉群时，你会感到美妙的宁静逐步扩散到你的四肢百骸。你的思想放慢了，头脑开始冷静下来。重复几次，或做到你整个身体感到温暖而慵懒为止。别忘了在肌肉收紧时，好好体味紧绷感和拉扯感，在肌肉松弛时，好好体味温暖、沉重的放松感。

做完后，做一次深呼吸，活动一下你的手指和脚趾，再做一次深呼吸，伸展一下你的躯干，再深呼吸一次，睁开眼睛。

你刚开始学着做的时候，正如我们所讲的，最好是先分别操练每个肌肉群。一旦学会了，你就可以同时操练几个肌肉群（比如手、小臂、大臂）。通过练习，你最终可以在进入状态时立刻放松整个身体。

冥想

冥想是一个古老的技巧，全世界有上百万的人都在使用它。如果你从未尝试过，你可以购买市面的一些指导性的遐想磁带，帮助你体验放松的精神和情感世界。你可以从听这些磁带入手，它们能把你带入美丽的精神乐园，在那里，你的问题似乎都烟消云散了。还有其他类型的磁带，能够抚慰你、帮助你入眠，修补你的身体，为你提供正能量。

大多数冥想技巧是在没有磁带辅助的情况下进行的。这些技巧看上去简单，但你不要被这假象迷惑：它们能在你身上引发深刻的变化。冥想是一种心路历程，可以给你带来宁静，改变你的世界观，也可以教你了解自己，提供个人成长的新途径。

闻名遐迩的冥想技巧是"先验冥想（TM）"。实验表明，先验冥想能产生放松的心情，最终给身体带来诸多好处，如降压、解除生理紧张和疼痛、降低心脏病风险。

先验冥想要求使用咒语，比如著名的OM，这是一个不含任何意义的词，却带震撼效果。先验冥想建议，培训教师先为新学员挑选个性化的咒语，再教他们冥想技巧。许多人已经读过有关先验冥想的流行书籍，学习了这个技巧，挑好了他们自己的咒语。一旦选定咒语，你就一遍又一遍地念咒语，屏蔽大脑里的叽叽喳喳，从而引发宁静的心理。如果你想知道更多有关TM的内容，可以阅读市面上的相关好书，或选一家附近的训练中心。

在哈佛大学桑代克纪念实验室工作的赫伯特·本森（Dr. Herbert Benson）博士发明了一种冥想法，称为"放松反应"。这个方法因其简单有效而非常流行。

首先，选一个舒服的坐姿，闭上眼睛，缓慢呼吸，自然地吸进、呼出。放松所有肌肉，从脚部开始，逐步上升到脸部。

现在开始感知你的呼吸，用鼻子吸气。当你呼气的时候，对自己默念"一"这个词。（或者，你用别的词也可以，比如"和平"。）每次呼气的时候对自己重复"一"。吸气，呼气的同时念"一"。如果出现任何思想干扰，什么都不想，等待干扰自行消散。

做完后，静坐几分钟。每天花10到20分钟训练这个技巧一到两次。（饭后两小时内不要使用"放松反应"。）

可能还有别的形式的冥想对你有吸引力，花时间去了解它们。

探索、尝试，直到你找到不抵触的那种形式，养成每天冥想几分钟的习惯。

瑜伽

瑜伽是另一种极为有用的古老技巧。瑜伽要求你专注于身体和呼吸，分散你的注意力，让你的大脑不会动不动就反应过激。在这方面，瑜伽显得尤其给力。当你忙于做那些缓慢、柔软、复杂的动作时，你的大脑无暇顾及其他事，一颗躁动的心就此平息下来。你放慢了身体动作，也放慢了你的思想，很快进入一种不同寻常的静谧状态。瑜伽虽然不可能给你带来永久的平静，但可以让你休憩20分钟或更长时间。每天做瑜伽的人发现他们养成了一种"瑜伽精神状态"，当生活变得复杂时，他们依然能够找回平心静气的心境。你可以去上瑜伽课，或使用四处有售的书籍和录像带，这类资料不胜枚举。

音乐

听音乐也是一个不错的方法，帮你放松，进入良好状态。寻找特别能与你产生共鸣的音乐，经常听一听，这是一种自我治疗的形式。焦虑的时候，帮你平静；抑郁的时候，帮你振作。沉浸在音乐中，你痛苦的心情会发生改变，身体的紧张会得以缓解。音乐对打断执念特别有用，与其去听你大脑里的疯狂声音，还不如听音乐。

运动

除了瑜伽，许多运动方式也可以给你的大脑和身体创造奇迹。如果你没有长期锻炼的习惯，我们极力推荐你现在就开始。哪怕一星期只是不规律地运动几次，你的情绪都会大为改变。选一两样你喜欢的运动。如果有需要考虑的身体问题，先征求医生的意见。起步要慢，不要过度锻炼，不喜欢这项活动，就另选项目。

有氧运动、负荷训练、纤体运动、伸展运动都能产生积极的效果。不管你是每天散步、跑步、负荷训练，到健康俱乐部或健身馆上有氧运动课或在卧室跟着运动录像锻炼，运动对你的身体和精神都会有所改善。身体运动五花八门，有武术、太极、跆拳道、舞蹈，不管是哪项运动，都能让你感到愉悦且好处多多。

运动有短期和长期效应，能暂时分散你的注意力，使你不纠结于你的问题，不纠结于大脑里的负面对话，降低你的整体压力水平，增加身体物质的自然分泌，如内啡肽，这种物质能够给你带来良好的感觉。运动还能增强体质，有助于你保持健康，还可以保持苗条哟！

现在你已了解只要你愿意，你可以为自己做许多事，可以在"安全的"人身上练习如何处理被虐情况，可以掌握技能，从而扩大选择面，可以冥想、锻炼、听音乐来缓解你的紧张，诸如此类。为自己做积极向上的事，就是选择了一条成为自己密友的途径。尝试一下我们推荐的行为活动，找到最适合你的那一种，向自己保证一定会使用这种方法，把它当作送给自己的礼物。你有权让自己的情绪好起来，关键是你做不做。

第
五
部

通向情感自由之路

16

拿回自己的生活

在这本书的开头，你受邀踏上了通向情感自由的新路，从此，你开始了解你的感情生活、你的伴侣、你的情绪、你的行为和你自己。你现在知道你是如何登上情感过山车的，知道怎么做才能从上面下来。但要获得真正的自由——不管你是维持关系还是分手——你都要采取行动帮助自己重新掌握生活。你不得不让被剪掉的翅膀长出来，以便自由飞翔，不得不摆脱对伴侣的那股子依赖劲儿，去发掘自己的潜力和生活的奇迹。

这种非同寻常的美妙状态对于现在的你来说还很遥远，但你已有力量去争取。你是能够做到的，只需要把它定为你的目标，化整为零，从一小步做起，直到你达成所愿。

像成年人一样活着

想拿回自己的生活，你需要从这方面入手：学会像一个羽翼丰满的成年人那样生活——有独立自主的思考能力，不依赖任何人，不要再作一个吓坏了的孩子了。这就要求你处理问题时，敢作敢为，理性地找出最佳方案。你可以决定不脱离关系或与伴侣分道扬镳。如果你留下，你可以决定跟他的施虐正面对峙或不采取行动。不管做出何种决定，你都要把你自己、你的情感、你的生活掌握在你的手里。你的选择不胜枚举，就让理性而不是习惯或富足的生活，成为你的指南吧。

尽管你觉得不舒服，尽管你不得不强迫自己，但你仍然要学会掌控自己，做你认为对你有利的事。这就意味着要求你的伴侣有所改变，要求他同你一起寻求专业帮助；这就意味着对你的伴侣和他人明确你的容忍界限，通过这一点，建立你的不可侵犯的私人领域；这就意味着收回伴侣为你做决定的权力，比如决定你如何打发自己的时间，跟谁在一起，你把精力放在哪些方面，你该如何穿戴或如何花你自己的钱；这就意味着不怕触怒他：他不能提早离开家庭聚会或其他地方，不能拒绝你跟同事共进晚餐，不能为了避免麻烦不分情况地要求家里整洁，要求孩子们不吵闹。

当你的生活是建立在害怕向你的伴侣"挑事儿"上，或建立在逃避因违背他的意愿而带来的"麻烦"上，你就在为情感绑架付赎金。这个赎金可比金钱昂贵得多，因为你付出的是自尊。当你因害怕他的喜怒无常而像囚徒般地活着，你就主动放弃了你的尊严、你内心的平静、你的成长心路、你做人的权利，以及你自由选择如何度过自己宝贵时光的权利。

倦于被践踏？
那就立起来吧！

你可以从容不迫，同时毫不退让地拿回自己的生活。当你这样做的时候，你实际上就做到了主动求变。你无须立即违抗你的伴侣或是做一些出格的事，而是可以从小处着手，独立承担一些事情，如报名参加你伴侣反对的课程，去看你想看但他不想看的电影。你的时间花在哪儿，怎么花，花在谁身上，都由自己决定。如果你在打电话，你的伴侣说你打的时间太长了，不睬他，继续打你的电话。如果你想去看一位他不喜欢的朋友，只管去。一开始，他会生气，但他哪一次不生气？做你认为对你有利的事，而不是做他说的对你有利的事。

如果你认定现在不违逆伴侣的心愿，不跟他对着干才合乎情理，那么，你要认识到这仅仅因为你面临选择困难而已。你清楚你把握得住自己的容忍度，只要你愿意，不论何时何地你都能划出界限。你不是无助绝望的，苦难也不是不可避免的。记住，你对自己做出的反应可以收放自如，你知道什么是不善的待遇，你能保持冷静和清醒，在处理任何情况时都能做出理性的决定。

如果你决定大声说出来

如果下一次你的伴侣对你不好时，你决定与他正面对峙，那么，直视他的眼睛，语气坚定地告诉他，你知道他在做什么，你不会容忍，也不会与他纠缠，不会像过去那样生气。要言简意赅，不要把自己拖进争吵中。（用理性情感影像、体内脱敏、角色扮演进行备战，做起来就容易顺利得多。）

如果你跟他正面对峙之后，他还继续表现恶劣，那么，就一走了之，散个步，拜访拜访朋友，到别的房间看书或看电视。如果你在外面跟他杠上了，你可以去洗手间待一会儿，或打车回家。（手里始终带着应急的钱。）

如果你们在通话，你的伴侣开始骂骂咧咧，那么，语气坚定地告诉他，只要他摆出这副架势，你就拒绝听下去。除非他立刻停止，不然的话，你就挂断电话。如果他不听，你就放下电话。

大声说出来，一走了之，挂断电话——非常有力地向他表明你的容忍界限在哪儿。

放飞自我，重新领回你自己和你的人生

当你不再参与被虐并做出理性反应，用REBT的方式管理自己

的情绪的时候，不管你有没有与你的伴侣正面对峙，你都会看到一个有趣的场景：他像往常一样耍孩子脾气，一副惯坏了的模样，以自我为中心、不可理喻，但他不过是在唱独角戏罢了。你控制着局面，自尊心爆棚，权力的天平开始朝你倾斜，你越坚强果敢，这副场景就越快实现。记住，你想要多少权力，你就会有多少权力，这只取决于你的选择。你伴侣的控制权视你愿意给多少而定，你能给，你也能收回。恐吓是你的监狱的看守，但你能越狱，一走了之。下定决心领回你自己和你的人生，行动起来吧！

把你新发现的精力投入到这些事情中去：寻找自己的定位，探索自己的梦想，让自己的心自由歌唱。把每一天都看作是庆祝日，为自己做事，并为此感激自己。始终重视自己的感受，对自己百般呵护、耐心有加，把自己当作刚学会走路的幼儿，鼓励自己、拥抱自己、恭贺自己，并告诉自己：你做得真棒。感受自己的力量，活出自己的自由——你开始被治愈了。

能够救命的要点

在你违背伴侣的意愿或与他对峙时，如果你怀疑他会动粗，那么，在没有专业帮助的情况下不要继续激怒他，但也不要愚弄自己，以为你只要继续对他听之任之，不与他对峙，你就是安全的。记住，语言施虐者是对他们内心的狂暴做出反应。他们一旦具有暴力倾向，几乎任何事都能引发他们的武力攻击。缠绕在你心里的侮辱之词瞬间就变成掐住你脖颈的手指，危险是真实存在的。

事情一旦发生，相信你的伴侣不会动武救不了你的命，你必须找到专业帮助。如果需要紧急脱身，制订一个临时的紧急计划，认真考虑在他变得暴力之前永久地离开他，你的生命可就依仗这点了。

如果你不认为他会动粗，当你违背他的意愿或跟他对着干时，你仍需要小心行事，他可能会生气——也许非常生气。当你改变你的行为时，出于自身安全必须评估一下他的生气程度。虽然大多数语言暴力者不会发展成身体暴力者，但也不是绝对的，所有的身体暴力者都是从语言暴力开始的，难保你的伴侣会不会成为他们中的一员。

你与伴侣正面对峙的时候，他威胁要伤害你，或阻止你离开，或摔东西，用拳头砸墙或门，或脖颈上青筋暴露，似乎在强迫自己克制怒火。这时候，你要立刻停止独自处理这类情况，想办法离开，寻求专业帮助。这些都是警示，表明身体暴力可能一触即发。

当你需要安全地拿回自己的生活时，谋求你认为合适的外援，千万别给你的伴侣找借口，或骗自己相信一切都会好起来。做理性思考，而不是感性思考。你是如何告诫同样处境的朋友的，你就怎么做。

你可以从此过上幸福的生活

无论你的处境有多么不堪，别忘了REBT始终是你的助力，不离不弃。积极、正常地使用REBT的原则、技巧、哲学来处理你的被虐情况，奇异的正面效果会日渐显露，包圆了你的所有麻烦、问题和境况。你和你的生活将不同于以往。把REBT视作你生命的根基，之后你跨出的通向情感自由路上的每一步都会容易许多，你从此具备了处理任何拦路虎的制胜法宝。

现在，你终于了解了战胜语言暴力的诀窍，了解了本书一开头谈到的从此过上了幸福生活，这都可以成为现实，一切都取决于你自己。

我们给你留下罗伯特·路易斯·史蒂文森的人生指南："成为我们，成为我们能够成为的人，这是我们生命中唯一的目标。"

17

马西娅·格拉德·鲍尔斯的
个人箴言

合上这本书后，你也合上了你人生的一章，混乱和孤独的迷瘴消散了。如果你不脱离有毒的关系，虐待仍然会如影随形，但你对虐待的新理解，你手中处理虐待的新工具，都会改变你的经历。哪怕你又回到过去的思维模式和行为模式，情况还是会有所不同，为什么？因为无知之门"砰"地关上了，你该知道的都知道了。想变回无知，没有回头路可走了，想靠否认来逃避真相，没门！

面对虐待，你做什么，不做什么，这都取决于你。然而，有一个要点需牢记在心，你对虐待的处理以及你的去留看上去只影响你和小型的亲友圈，但这不是真相。你做什么，不做什么，最终影响的人超出你的想象。

社会是家庭生活的一面镜子

作为当今社会的一员，我们当中许多人感到愤怒、挫败和恐惧。我们有时候感到社会高速旋转到失控的地步，暴力和白领犯罪层出不穷，缺乏个人操守、道德、礼貌和责任心的情况屡见不鲜。因为我们自己的选择错误、判断失误、常识缺乏、行为愚蠢而去谴责别人，从而冒出来太多愤怒挑衅的司机，出现了大批像时疫一样蔓延的诉讼案。

我们问自己究竟怎么了？出了什么事致使我们害怕做以前做的事来丰富我们的生活，如等红绿灯时朝周边开车人投以微笑，在公共场所与陌生人闲聊，在街边散步，到当地公园享受静谧时光，逛便利店，使用自动柜员机，毫无顾虑地把车留在停车场。可现在做这些事还安全吗？

我们中许多人对所生活的社会产生了焦虑、困惑、失控和无助感，这些情绪同样针对我们的家庭生活。家暴在我们的恐慌情绪中起到了主要作用，但我们默许家暴的存在，从而使家暴长长久久地延续下去。我们选择不担起阻止家暴的责任，就等于在创造一个令人讨厌的社会。如果想情况好转，我们必须制订新的行为准则。

剔除家暴传承是孩子们的唯一希望

老话常说孩子们是未来的希望，事实上，我们才是未来的希望，因为，没有我们以身作则地教导孩子们什么是健康生活、健康爱情，他们就很难拥有这些。

犯罪、暴力和桀骜不驯的孩子，很多时候都是我们一手促成的——他们把母亲、祖母、教师和其他年轻人作为楷模。娇嫩的年轻生命被交到我们手里打磨、塑造、成型，难道我们还要继续把孩子们培养成空虚、愤怒、懦弱无能的成年人吗？这种人因自己的挫败失意而迁怒他们的伴侣、孩子和社会。

孩子们每天都在模仿我们，相信主宰和臣服是天经地义的，相信以爱的名义伤人和被伤害都是"正常的"，有些孩子经历过所有这一切。孩子们也许读过有关爱情的书，看过这方面的电影、电视，看到过朋友一家人相亲相爱，这些都在向他们昭示真爱的可能性。这些也许对他们产生了影响，促使他们成年后努力争取得到这种爱，但是，更多的孩子在成人后，步我们的后尘，步他们偶像的后尘——顶尖运动员、著名演员——这些人因家暴、酗酒、吸毒成瘾而上了头版头条。

我们的影响力随处可见。青春期的"虐恋情深"像未成年怀孕一样呈上升趋势，到处出现互相欺负、犯重罪的孩子，其年龄越来越小。全国范围内，针对学生的有关霸凌的教育课程如雨后春笋般地冒出来。不过，这远远不够。虽然这些课程很有用，但当学生放学回到家暴环境里，课程的影响力就变得十分有限。

没有一个女人想要她的孩子们过她的生活——焦虑、缺乏安全感、懦弱无能、恐惧和愤怒。然而，我们若是把孩子困在产生这些情感的家庭，就相当于在系统地教他们就该这样活着。只有我们能够阻止这一切发生，这是孩子们和社会的唯一希望。

我们有责任了解塑造我们生活的普世真理——个人的和群体的生活——按照真理行事并教会我们的孩子们。孩子们是靠我们的指导来建立人际关系和生活的。我们必须创造一个良好的家庭环境，适合孩子们蓬勃成长，让他们成为自尊自爱、遵纪守法、有道德心、有个人操守、心理健康、有爱心、有所成就、幸福的人——这个人知道如何把控自己的情绪，在逆境面前不退缩，不失尊严，不失个人责任心。我们的声音必须响彻云霄："我们拒绝让孩子们离家后成为'行走的伤员'，拒绝让他们困于混乱无序的状态胜过过上平静的生活，拒绝让他们习惯爱之痛胜过爱之美好，拒绝让他们充满愤怒和苦痛，并把这些不良情绪发泄到我们身上、他们伴侣的身上、他们孩子们的身上和社会上。"

在人数上和群体智慧里找到力量

语言暴力是隐蔽的，不示于人前的，因此我们不得不独自舔舐伤口。但事实上，我们不是单独一人，看上去——特别是在我们最黑暗的时刻——我们似乎在孤军奋战，可实际上这是群体作战。据统计，我们有上百万女性组成强大的姐妹同盟。这些女性都有过令人惊骇的受虐经历，都在为不仅仅是苟延残喘而努力，为战胜虐待而努力。她们想要强大，想要找回自己的骄傲，想要勇敢无畏，想要把头昂得高高的，想要有精力做到这点，想要专注于现在的生活而不是过去的坏日子，想要一份浪漫、圆满、相濡以沫的长久感情，想要幸福、健康、有所成就，而我们就是她们中的一员。这些女性想要剔除家暴传承，而这也正是数以百万计的我们可以留给孩子们的遗产。

团结就是力量。什么行得通，什么行不通，力量就蕴含于对这些知识的群体通晓上。力量也蕴含于女性压倒性地需要把这些知识宣扬出去的愿望，蕴含于我们希望摆脱痛苦，亲身告诉孩子们另一种活法和另一种爱情的决心。

我们中的有些人已找到出路，过上了圆满、平静、幸福的生活，现在，该是这些人大声说出自己的故事来鼓励他人的时候了。我们中那些已获得情感自由的人的确做到了，我们能做到，你也行。你也应该为别的女人树立活生生的榜样——那些心存疑虑，不知自己能否应付疲于奔命式处境的女人。假以时日，你会从大声呐喊以鼓励和指导他人中得到满足，你也能为孩子们树立健康生活和爱情的榜样。我们中的每个人在重获个人力量后，都能成为别人的希望之光，尤其对那些不知怎么做或害怕尝试的人来说。

我们能创造想要的生活、改变社会进程吗？我们能避免被践踏、避免活得卑微吗？可以。我们以前曾经做到过，女人曾为有重大意义的目标团结起来，在历史上形成一股不可忽视的社会力量。的确，我们曾为争取投票间里的平等、教育设施的平均分配和工作的平等而努力过，我们由此创造了历史。

我们也以多种方式改变了男女关系的面貌。我们步步为营，收获颇丰。然而，上百万计的女性仍然遭受着语言暴力，仍然面临着最大挑战：永久地放弃我们的童话来改变爱情关系，不因现在的无能为力而丧失展望未来的能力，更多地把控我们的情绪和生活，更少地叹息、哭泣和退让。

团结起来，我们不日就能阻止这种非理性的愚蠢之事，这种对女性心理和灵魂的禁锢；就能阻止对那么多孩子进行系统编程，这种编程为的是让那些在暴力环境里长大并难以释怀的孩子重复暴力霸凌的循环。每一个决定自救的人，都在帮助所有人自救。有一句名言是这么说的："拯救一条生命相当于拯救整个世界。"选择拯救自己就能互救，就能拯救我们的孩子们。我们可以扭转乾坤，从每一次救一个人做起。每一个女人成功了，都能使我们所有人更强大、更坚定不移、更确信我们能够做到——哪怕处在风刀霜剑之中。

驾驭自己的情绪可以彻底地改变你的生活，改变你所爱的人的生活和许多你不曾打过照面的人的生活。你能创造不同的世界，可以在大规模改变意识形态方面发挥你的作用。发生在好事和坏事上的连锁反应不可小觑，一个人愤怒、恐惧、无助、绝望，就会变成两个人如此，两个人就会变成四个人。同样，一个人勇敢、充满力量、宁静祥和、幸福开心，也会变成两个人如此，两个人就会变成四个人，以此类推。大多数改变生活的社会运动都是从一个或几个人开始。改变你自己，你就为改变世界贡献了你的一份力量。

虽然自由的大门向你敞开，
但你受到自身局限的桎梏

穿过自由之门意味着你已产生强烈的自信——相信自己的内在价值，相信自己配得上拥有尊敬、爱、幸福和内心的平静，意味着信任自己能判断什么是对你最有利的，并始终如一地按照这个认知行事。没有这些坚定的信仰，当"白马王子"翩然而至，要夺走你的一切时，你就会可怜巴巴但轻而易举地拱手相让，任由他夺走你最宝贵的财富——你的感知、你的自尊、你的人格尊严、你对自己的信念。他是一条窃取你瑰宝的变色龙，你是给他递刀的人，让他来压制胁迫你。

要穿过自由之门，你只需心甘情愿地、不惜代价地、一步一个脚印地朝前迈进。这意味着当充斥语言暴力的关系给你造成情感、心理、身体伤害时，你能免疫；这意味着你已认识到这点：那些急诊室里鼻青脸肿的女性刚刚遭遇语言暴力时，一直以为她们的"白马王子"永远不会对她们动武。

你可能认为你没有力量和勇气穿过自由之门，但你错了，能走到今天这一步，你也是花了大力气、具备了大勇气。带着决心穿越自由之门，有助于你产生比你想象的更多力量和勇气。不管你现在信不信，你都比当下的困难更强。

自由之门的另一面是什么？是你渴望得到的所有的一切——治愈、潇洒自在、宁静平和、自尊自爱、个人实力。即便如此，你还是不愿意迈出步子，害怕未知的魔鬼在前路伺机而动，害怕巨大的未知会把你吞噬。振作起来吧，我们中有许多人怀有同样的心情，但我们已发现，我们害怕可能会发生的远没有实际发生的那么严重。

生活就在眼前，你不要等到后来回望，看到的只是浪费的岁月、未竟的梦想、油尽灯枯的身体——这将是你们共同的挽歌，因为你们任由自己无知、恐惧、自欺欺人，从而太长时间地困在情感旋涡中。记住，有时候你需要担起对你自己的责任，而不是跟着感觉走。好好想一想吧，仅仅因为你感觉到什么，并不意味着就会成为事实，必须用理智来克服你顺从感觉的欲望，因为这对你没有好处。

把对自己负责排在感觉前面。许多女人因做到了这点，从而能够勇敢地朝前走——尽管内心仍有一个吓坏了的声音在尖叫："不要，不要，不要摇晃这只船！"然而，摇晃的船不是问题，坐在下沉的船上才是问题。所以，不要坐等"感到时机正正好"的到来，而是采取行动改善处境或离开这个处境。从来就没有"感到时机正正好"的时刻，现在行动起来才是你做出的最好决定。

你在通往情感自由的路上能做的事

这本书的目的就是帮助你踏上情感自由的征途。记住，你不是孤独的旅人，新型的REBT工具始终陪伴着你。在通往令人兴奋的幸福、安宁的路上，就让REBT助你保持强劲的势头吧。

●每天翻阅这本书，让自己对感情生活的走向一目了然，使REBT技巧成为你的第二天性。

●每天练习应对技巧并使用其他REBT技巧。

●手头始终放着理性的应对性自我对话，随时参考。

●阅读阿尔伯特·埃利斯博士和罗伯特·A.哈珀博士的《理性生活指南》，阿尔伯特·埃利斯和教育博士欧文·贝尔克的《个人幸福指南》，马西娅·格拉德的《相信童话的公主》和《个人魅力：如何得到"那个特殊魔力"》。当你需要灵感或需要健康思想及情感指南时，重新通读这些书。（查看书末目录。）

●在www.rebt.org上查阅问题和答案，听阿尔伯特·埃利斯研究所提供的录音，增加你在REBT方面的知识。电话咨询：（800）323-4738，传真：（212）249-3582，E-mail：info@rebt.org，或者，上www.rebt.org网。

●找到一个在暴力问题方面有经验的治疗师，或联系阿尔伯特·埃利斯研究所，地址：阿尔伯特·埃利斯研究所，东六十五街45号，N. Y. 10021-6593，纽约，电话：（212）535-0822，传真：（212）249-3582，E-mail：info@rebt.org，网址：www.rebt.org。打电话给帮助受虐女性的组织，获取相关信息。

那些已经踏上情感自由之路的前辈们给我们留下了宝贵的诀窍：

●如果你的情况是瞒着大家的，你就向关心你的人吐露一二，使其公开化。

●加入女性支持组织或治疗小组。

●联系妇女中心或家庭服务中心。

●建立亲友圈，其成员了解你的过往，鼓励你成长、成熟。

●与自己建立支持的、温柔的、充满爱的关系，与自己亲切谈话，每天给自己说动听的话，大声承认自己，赞美自己。记住，你是如何对待自己的，别人就以同样的方式对待你。

●每天提醒自己，你的首要任务是照顾好自己。

●找到自我，想办法与伴侣分开生活，培养自己的个性，加入志趣相投的组织，培养新的兴趣。

●培养自己的能力，学习能使自己经济独立的技能。

●遇上艰难时期时，仰仗这个充满魔力的问题："埃利斯博士会怎么说？"

●每天生活在你的新型生活哲学之中。"……我会爱上自己，我会对自己温柔，我的生活充满关心我并愿意跟我分享的人，我会庆祝自己的特立独行和我的内在力量，我会欢快地为鸟儿的歌唱、闪烁的星空、每年春天的似锦繁花打开心扉。"

●讲出你的故事。当你对其他女人敞开心怀的时候，你会发现许多人离奇地与你有类似的情况。当我们意识到有人理解并与我们有同样感受时，我们都会变得理性、理智，分享你从自己经历中收集而来的知识和智慧。

记住，你是姐妹同盟中的一员，这个同盟能够帮助女性领回她们的理智、灵魂和生活。

不管你是脱离施虐伴侣还是留下来陪他，在脑海里把你的新型理性信念放在首位，这样的话，面对日复一日的状况，你不用疲于奔命似的应付。以下提示可以帮助你坚守自己的信念：

●语言暴力是暴力的一种形式，是洗脑的一种形式，是心理、情感折磨的一种形式，是一种带来极度精神痛苦的控制形式，是感情依赖的一种形式，但绝不是爱的形式，也不是"他那人就那样儿"。

●家暴从来就没有许可证，从来就不是你活该遇上，从来就不是天经地义的。

●你不是家暴的原因，你的伴侣是。

●你永远不可能用表现得"足够好"来结束家暴。

●你无法改变他，只有他能改变他自己。

●你的伴侣不是你的朋友，他不想帮你或教你，他没有兴趣让你的情绪好起来，他没有把你的利益放在心上。

●当你的伴侣行事不可理喻时，你无法跟他讲道理，他不会理解你的立场，你百般解释都无济于事。

●如果你感到被针对，情况多半是如此。

●你不必跟他一起疯狂，你可以选择如何应对。

●一般来说，家暴会升级，除非你的伴侣得到专业帮助后尽可能地停止施虐。

●偶尔的体面、关怀、爱意和正常行为不是"盛宴"。牢记"闹饥荒"的时候，采取行动制止。

●长期暴露在语言暴力下会给你带来危机——情感上的、身体上的、精神上的。如若不想脱离这种关系，那么，化解你的消极反应才是最佳限制潜在伤害的办法。

●自尊是一块肌肉。锻炼得越多，肌肉才会越强劲。

●你值得受到他人的尊敬。

●你不能指望他人比你对待自己还要好。

●你越强大独立，你就越能接受自己，就越有可能选择做最符合你的利益的事。

终于自由了
开始你的新生活

　　不管你是留下还是正在离开你的伴侣，或已经离开，你都能够得到情感自由，展望新生活，正如一句智慧箴言所说的："今天就是你剩余生命的第一天。"追求宁静和幸福相当于亡羊补牢，犹未为晚。这是一份"内部工作"，现在就能着手开始。

　　我们中许多人都有过你现在的处境，曾经都以为痛苦是看不到尽头的，幸福几乎是想都不敢想的、遥不可及的事。我们曾相信生活就是一碗樱桃，一觉醒来，却发现所有的樱桃都被偷了，只给我们留下光秃秃的果核，我们当然不能为这碗果核而误终身。我们在新的心灵沃田上播种，等待幼苗长大，现在我们生活的果子是甜的。

　　如何做？选择把虐待当作我们的学习工具，用作通往美好生活和自我理解的垫脚石，坚定不移地领回我们不知不觉中放弃的个人力量，学会尊重自己，知道自己也值得别人的尊重，寻求心理平衡、生活的意义及目的，也寻求真爱。

　　如果你想加入我们，如果你想做我们做过的事，那么，就从储藏间里找出自己的梦想，掸去灰尘吧。这样的话，你从情感抹布到房产业主的人生故事就此可以展开了。

　　心灵博士亨利·胡特在《相信童话的公主》这本书里给大家留

下了十分给力的忠告。

"公主，朝前走，活出你的最高真实。"

把这句话铭记于心，刻到骨子里，因为，如果你活出真实来，真正这样活着，那么，你的精神世界就会得到提升，你的生活也将彻底改变。

愿你的路充满学习、爱和欢笑——愿我们在路上会再一次相遇。

来自作者的话

亲爱的读者:

    我们希望你能够使用本书的信息来真正改变你的生活,也希望能在将来出版更有帮助的新版本,因此,当你把REBT原则和技巧融入你的生活中时,希望你能与我们分享你得到的结果,我们为此十分感激。请花上几分钟回答以下问题,出于对隐私的保密,你的姓名和你提供的有辨识度的信息都会有所改动。

    1. 具体谈谈你做了什么与过去不同的事。

    2. 结果是什么?

      你的情感受到什么样的影响?

      你的感情生活受到什么样的影响?

      你的生活经历受到什么样的影响?

    3. 什么技巧对你来说最给力?

    4. 什么技巧最不给力?

    5. 你如何让某些技巧适应于你的某些特殊需求?

我们也欢迎大家对本书批评指正。

A. 这本书里，你最喜欢的是哪部分？最不喜欢哪部分？

B. 哪部分最给力，哪部分最不给力？

C. 你认为哪部分需更加清楚明了或简明扼要？

D. 你觉得还需添加哪一种信息？

谢谢你的帮助，请把你的回答寄往

阿尔伯特·埃利斯博士&马西娅·格拉德·鲍尔斯

威尔希尔书局

加利福尼亚州查茨沃斯瓦里尔大道9731号

邮编：91311-4315

电子邮件：mgpowers@mpowers.com

建议书目

以下参考文献包括几种理性情绪行为疗法（REBT）和认知行为疗法的出版物，对自助性使用十分有帮助。这些材料大多可以从这个地址获取：阿尔伯特·埃利斯研究所，东六十五街，纽约，N. Y. 10021-6593。工作日可以通过电话、传真、电子邮件l预订免费目录，电话：（212）535-0822，传真：（212）249-3582，电子邮件：orders@rebt.org。

- Alberti, R. & Emmons, R. (1995). *Your Perfect Right.* 7th ed. San Luis Obispo, CA: Impact. Original Ed., 1970.
- Barlow, D. H., & Craske, N. G. (1994). *Mastery of Your Anxiety and Panic.* Albany, NY: Graywind Publications.
- Beck, A. T. (1988). *Love is Not Enough.* New York: Harper & Row.
- Burns, D. D. (1989). *Feeling Good Handbook.* New York: Morrow. Dryden, W. (1994). Overcoming Guilt! London: Sheldon.
- Dryden, W., & Gordon, J. (1991). *Think Your Way to Happiness.* London: Sheldon Press.
- Ellis, A. (1988). *How to Stubbornly Refuse to Make Yourself Miserable About Anything — Yes,* Anything! Secaucus, NJ: Lyle Stuart.
- Ellis, A. (1998). *How to Control Your Anxiety Before It Controls You.* Secaucus, NJ: Carol Publishing Group.
- Ellis, A. (1999). *How to Make Yourself Happy and Remarkably Less Disturbable.* San Luis Obispo, CA: Impact Publishers.

► Ellis, A., & Becker, I. (1982). *A Guide to Personal Happiness.* North Hollywood, CA: Wilshire Book Company.

► Ellis, A., & Harper, R.A. (1997). *A Guide to Rational Living.* North Hollywood, CA: Wilshire Book Company.

► Ellis, A., & Knaus, W. (1977). *Overcoming Procrastination.* New York: New American Library.

► Ellis, A., & Lange, A. (1994). *How to Keep People From Pushing Your Buttons.* New York: Carol Publishing Group.

► Ellis, A., & Tafrate, R. C. (1997). *How to Control Your Anger Before It Controls You.* Secaucus, NJ: Birch Lane Press.

► Ellis, A., & Velten, E. (1992). *When AA Doesn't Work for You: Rational Steps for Quitting Alcohol.* New York: Barricade Books.

► Ellis, A., & Velten, E. (1998). *Optimal Aging: Get Over Getting Older.* Chicago: Open Court Publishing.

► Fitzmaurice, K. E. (1997). *Attitude Is All You Need.* Omaha, NE: Palm Tree Publishers.Glasser, W. (1999). *Choice Theory.* New York: Harper Perennial.

► Grad, M. (1986). *Charisma: How to get "that special magic."* North Hollywood, CA: Wilshire Book Company.

► Grad, M. (1995). *The Princess Who Believed in Fairy Tales.* North Hollywood, CA: Wilshire Book Company.

► Hauck, P. A. (1991). *Overcoming the Rating Game: Beyond Self-Love —Beyond Self-Esteem.* Louisville, KY: Westminster/John Knox.

► Lazarus, A., & Lazarus, C. N. (1997). *The 60-Second Shrink.* San Luis Obispo: Impact.

► Lazarus, A., Lazarus, C., & Fay, A. (1993). *Don't Believe It for a Minute: Forty Toxic Ideas That Are Driving You Crazy.* San Luis Obispo, CA: Impact Publishers.

► Low, A. A. (1952). *Mental Health Through Will Training.* Boston:

Christopher.

▶ Miller, T. (1986). *The Unfair Advantage.* Manlius, NY: Horsesense, Inc.

▶ Mills, D. (1993). *Overcoming Self-Esteem.* New York: Albert Ellis Institute

▶ Russell, B. (1950). *The Conquest of Happiness.* New York: New American Library.

▶ Seligman, M. E. P. (1991). *Learned Optimism.* New York: Knopf.

▶ Wolfe, J. L. (1992). *What to Do When He Has a Headache.* New York: Hyperion.

▶ Young, H. S. (1974). *A Rational Counseling Primer.* New York: Institute For Rational-Emotive Therapy.

阿尔伯特·埃利斯博士出生于匹茨堡，在纽约长大，拥有哥伦比亚大学临床心理学硕士、博士学位，担任数个心理学方面的重要职位，包括新泽西州首席心理学家兼罗格斯大学及其他大学的心理学教授。目前，他是纽约阿尔伯特–埃利斯研究所的所长，从事心理治疗、婚姻及家庭咨询、性治疗工作达半个多世纪之久，现仍坐诊于纽约城的研究所附属临床心理诊所。他是理性情绪行为疗法（REBT）的创始人，认知行为疗法（CBT）的发起人。

埃利斯博士是美国心理学协会的分会长和性科学研究会的会长，数个专业协会的成员，其中包括美国婚姻、家庭治疗协会，美国心理学家学院，美国性教育家、咨询师和治疗师协会。他还是美国专业心理学理事会临床心理学院士及其他专业理事会院士。

专业协会授予埃利斯博士数项最高专业及临床嘉奖，这些协会包括美国心理学会、美国咨询协会、美国高级行为治疗协会、美国精神病理学协会，他被美国和加拿大的心理学家和咨询师视为"最具影响力的心理学家之一"，担任许多科学杂志的顾问和副主编，发表了700多篇论文，出版了200多卷磁带和录像带，写作或编辑了65本书和专著，包括科普类的畅销书和专业性书籍。

马西娅·格拉德·鲍尔斯拥有教育学学历和加利福尼亚州教师资格证书，她在众多学院和高校面向商业和专业团体发表演说，演讲题目是心理学和个人成长，也多次接受电台、电视台采访。

鲍尔斯女士在威尔希尔书局做了18年的高级编辑，这个书局专营心理学和励志自助书籍。她与众多心理学家、精神病医生、咨询师和其他心理健康专职人员有着广泛的合作关系，曾参加过培养心理学家的REBT再教育集训工作室，在REBT课程里接受了阿尔伯特·埃利斯博士的私教指导。这本书在阿尔伯特·埃利斯博士授意下，被定为她的硕士论文。同时，阿尔伯特·埃利斯博士以个人名义授予她REBT施教者的资格。

除《情感陷阱》外，鲍尔斯女士还是另外三本书的作者（署名马西娅·格拉德）：《生活的滋味》《个人魅力：如何得到"那种特殊魔力"》《相信童话的公主》这三本书已译成多国文字。

图书在版编目（ＣＩＰ）数据

情感陷阱：如何摆脱以爱为名的情感操控／(美)
阿尔伯特·埃利斯,(美)马西娅·格拉德·鲍尔斯著；
张蕾芳译.-- 北京：北京联合出版公司，2024.6
　ISBN 978-7-5596-7518-7

Ⅰ.①情… Ⅱ.①阿… ②马… ③张… Ⅲ.①心理学
—通俗读物 Ⅳ.①B84-49

中国国家版本馆CIP数据核字（2024）第079204号

The Secret of Overcoming Verbal Abuse

by Albert Ellis, Ph.D. and Marcia Grad Powers

Copyright © 2000 by Albert Ellis Institute and Marcia Grad Powers

All rights reserved

北京市版权局著作权合同登记　图字：01-2024-2035

情感陷阱：如何摆脱以爱为名的情感操控

作　　者：[美]阿尔伯特·埃利斯　[美]马西娅·格拉德·鲍尔斯
译　　者：张蕾芳
出 品 人：赵红仕
责任编辑：孙志文
封面设计：末末美书

北京联合出版公司出版
（北京市西城区德外大街 83 号楼 9 层　100088）
北京联合天畅文化传播公司发行
北京美图印务有限公司印刷　新华书店经销
字数 182 千字　880 毫米×1230 毫米　1/32　9.25印张
2024 年 6 月第 1 版　2024 年 6 月第 1 次印刷
ISBN 978-7-5596-7518-7
定价：56.00元